植物風水

李德雄 著

中国·广州

图书在版编目（CIP）数据

植物风水 / 李德雄著. — 2版. — 广州 : 广东旅游出版社，2007.06（2023.8重印）
ISBN 978-7-80653-880-7

Ⅰ. ①植… Ⅱ. ①李… Ⅲ. ①植物学－普及读物 Ⅳ. ①Q94-49

中国版本图书馆CIP数据核字(2007)第064921号

责任编辑：周梅英　魏智宏
责任校对：李瑞苑　刘光焰　陈召珍
责任技编：刘振华

植物风水
ZHIWU FENGSHUI

广东旅游出版社出版发行
（广东省广州市荔湾区沙面北街71号首、二层）
邮编：510130
电话：020-87347732（总编室）　020-87348887（销售热线）
投稿邮箱：2026542779@qq.com
印刷：广州市岭美文化科技有限公司
（广州市荔湾区花地大道南海南工商贸易A栋）
开本：787毫米×1092毫米　16开
字数：138千字
印张：13
版次：2007年6月第2版
印次：2023年8月第3次
定价：68.00元

目录

代 序

世事纷繁幻变多，
玉汝于成始于初。
人生历练甘与苦，
韭菜故事说蹉跎。

这诗句为吾侄德雄成长的真实写照。

家兄明芳，号克敏，是位爱国志士。青年投笔从戎，在粤军服役，抗日战争，屡立战功。吾侄德雄年方3岁时，家兄沙场战死。从此吾嫂母子相依为命，孤苦含辛。至德雄8岁时，随母迁居当时还属广州城郊的合群村（现为合群一马路）。为维持生计，母子艰难度日，白天割塘边美人蕉叶换粮，黄昏屋边空地荷锄种菜充饥。天长日久，劳作不息，造就了吾侄勤劳本色，更令幼小心灵对植物产生了浓厚兴趣，培养了对植物之观察习惯和分辨能力。

一天天刚亮，母子正要出外劳作，突发意外事件。一时间，新河浦畔鸡飞狗叫，合群村边骂声喧嚣，打破了清晨的宁静。原来是村长倚仗权势，欺负孤儿寡母，诬陷吾嫂纵子偷其园中韭菜。于是一手拔起吾侄盆种韭菜，一手扯住他母亲头发，强拉到大街上。吾嫂与他争辩，他更怒火中烧，竟用小锄头在吾嫂头上狠敲几下，吾嫂顿时血流满面，见者无不暗自为侄儿母亲叫苦。德雄年纪虽小，然在紧急关头，竟挺身而出与恶村长论理。他从容地拔起几根村长园中韭菜，又拿起自己盆栽韭菜，同时分发与围观乡亲传看，朗朗有声地说：地栽韭菜土层深厚，水肥充足，故根茎粗大，根是甜的，而盆栽韭菜则不同，根茎长得瘦弱，根是苦涩的。两者相比，泾渭分明，是非分清。村长在乡邻责备声中大出洋相，不得不向他母子赔礼道歉，赔偿医药费用。为了纪念这件事，吾侄德雄随口吟了一首诗："青青韭菜丝丝苗，盆栽地种各分晓。地栽韭菜根甜大，盆上韭菜苦涩小。"

经此事后，邻里乡亲和长辈们对幼小德雄所表露出对植物知识的天赋刮目相看。其后吾侄在众亲友和学校诸老师，特别是广州市第十六中学班主任钟如舟，中南林学院老院长沈鹏飞教授、罗彤鉴教授等的支持和帮助下，光着脚上大学，节衣缩食，刻苦读书，孜孜以求，成就了园林专家之路。

几十年来，吾侄德雄在上级领导支持和指导下，背负着祖国人民的厚望，努力工作，辛勤劳动，勇于探索，踏遍了祖国各地的山山水水，丰富了他的植物知识，培养了他的独立钻研精神和工作能力，才得以有所发现，有所创造。现藉本书出版之机，写下这段文字。期望他虚怀若谷，勿骄勿躁，在以后的园林规划设计工作中，好好为群众服务，争取更好的成绩。并恳请各界有识之士，对本书指出不足，斧正谬误。

李明杰

二〇〇四年春于广州云景花园

自 序

六十春秋脚下行，踏遍群山醉悟深。
草木禅声皆致远，绿色兵法造舆堪。
古往今来论乾坤，扑朔迷离假与真。
林环水抱风水好，以人为本始为根。
运筹帷幄显章法，周易实践学创新。

我国的堪舆风水学，是中华民族古老的、优秀的文化瑰宝之一。可谓：**四海弘扬，苍生世事皆可括；精华所耀，天地人间倍得益**。她在为改善人民的居住环境、规划建设城镇、弘扬中华文化中起到不可磨灭的作用的同时，更令中外之仁人志士获教殊多，深受启迪。我是一个园林工作者，从事林业与园林规划工作近40余年，在多年爬山涉水的林业踏勘实践中，继发现植物的五行相生相克制化规律后，又发现植物群体存在一个植物生物场。科学合理地运用植物的这种规律和生物场，有利于改善城乡的人居环境。多年来，我应用周易的哲学思维，结合风水学的阴阳观、五行观与天人观等术理，把植物类分为五行，采用近百种方法，以树木花卉作兵来“设阵”布园，建造植物生物场，被易学界同行誉为“植物风水”，称之为“李氏绿色兵法”或“木子兵法”。据此为机场、各级道路、森林公园、机关、企业、商场、工厂、油库、海岛、学校、酒店、乡镇、民居、生态园等园林绿化，改善了环境，均收到令人满意的效果。

植物不单只是绿色，它还分金、木、水、火、土；一幅图画可治好人的病，一盆有生机的盆景，更能悦目怡心；中药材干枯了，几千年来可治好中国人的病；试问读者朋友：活生生的植物她的生命场能量(精气)不就能治疗更多人的病吗？绿色植物以群体性，用兵法去造林，对日益污染的人居环境进行改造优化，她将发挥撼山移海不可低估的力量！植物存在生物场以及用植物改场，古人称改场为化煞。可惜过去未见有人旁及，其作用的探求发掘亦未曾见报，确是一大缺憾。现笔者愿将多年研究心得和实践经验奉献出来，为古老而又年轻的祖国环境科学、风水生态学补画一笔，与同道们、朋友们共享共勉，进一步携手研究开发。

笔者在多年的实践中，对植物所具有的一些未为人所知的性状和功能，有如下肤浅认识和理解。

植物是宇宙螺旋气场的见证者。从50年代开始，本人就注意到植物生长的螺旋现象。例如：露兜树科的露兜是螺旋形排列的，瓠瓜的卷须是螺旋形缠绕的，大戟科的洒金榕叶是螺旋形排列的；棉花小麦的花穗生长为右旋，开花由下往上，性温；而水稻花穗生长为左旋，开花由上往下，性寒。芒果果实成熟顺序是呈S形的；至于攀缘植物，则左旋或右旋现象更为明显了。

植物体存在着微妙的“天机”，**植物既是地区大气场的宏观调控者，也是一家一户小气场的微观调节者**。植物造场能将大片凶地化解为吉地，也能将局部或小范围的（如一家一户）凶宅化解为吉宅。

我们可以理解住宅的形状是宇宙微波传播过程一截“波导管”中的一个障碍物，使微波在传输中不能一帆风顺，而会像光波一样，产生反射、散射和折射，并在局部形成强烈的“驻波”效应，成害或逞凶之处就在于此。解决办法是用“匹配元件——植物”来改善或改变微波的传输途径，使之散发开来，以减弱或消除“驻波”效应。

随着现代科学的发展，笔者对植物的研究和认识也随之深入，尤其是从**中医药学服从易经哲理中得到启迪**，认识到：**植物有“血”和“血型”，有感情，存在易理——植物之间有生克与制化**。据此，**笔者经多年研究，把数千种树木花草，类分为阴阳五行，应用在园林设计和风水改场化煞中，被称为“植物风水”或“绿色兵法”**，收到非常理想的效果。中国风水学大师、《中国电子报》编辑、中国电子学会会员、《中国风水应用学》作者**张惠民**先生，在看到了笔者发表的论文后，有如下评述：**“植物风水的发现是中国风水学的伟大发明，它填补了中国风水学的空白。用植物作兵排阵、布场，实在太棒了！把植物类分为阴阳五行来调理风水化煞实是史无前例，在建筑上无法解决的凶煞，李德雄先生用有生命的绿色植物巧妙地解决了**，这是造福于人类的好事，更是宝贵的科技成果，应该让她发扬光大。”

《易经》这部古老可爱的书，她是研究宇宙、天、地变化规律的书。笔者在本书中，凭借易经的思路，与广大读者共同探讨绿色植物与环境优化应用变化之道这个新课题。

当今世界，强调环境生态科学。绿色环境，已经成为人类生存和活动的一大主题。1972年6月5日，联合国人类环境会议上提出，人类只有一个地球，这是人类的初步觉醒。进入80年代后，更发出了保护全球绿色植物的呼声，大造绿色声势，国外还掀起绿色和平行动。可是，还从未有人真正系统论述过植物在风水上的应用。对此，笔者不揣冒昧，愿以个人多年研究和实践所得，辑录成书，但愿此举能造福社会，荫泽芸芸众生！更借此抛砖引玉，征诸同道者，共同研讨，请予斧正。

李德雄

甲申春写于“慧堂”

第一章　揭开科学风水之谜

生活中常有风水的现象，只不过我们很少去注意它，比如一个刑警带着一条军犬，去追捕一个犯罪嫌疑人，当被追捕者跳到一个河沟后，灵敏的军犬突然信息中断，为什么？是什么原因致使军犬不灵呢？这个疑团从古老的风水学找到了答案。古老的风水学（堪舆学）中晋代郭璞（公元276～324年）所著的《葬书》："葬者，乘风生气也。……《经》曰：气乘风则散，界水则止，古人聚之使不散，行之使有止，故谓之风水。"这里"气乘则散，界水则止"一语道破了天机，追捕的军犬因遇河沟之水，气场乱了，信息中断，就不灵了。这现象告诉我们一个事实，风（气）与水有着微妙的科学关系，有待我们去破解，去研究，必须破除迷信，才能揭开科学风水之谜。

第一节　风水产生的历史渊源

风水，在古代叫堪舆。"堪"的含义，在古代是指人们站在地上观天，对天体现象提出自己的疑问，所以，"堪"就是研究天体的科学。而"舆"的本义，则是指人站在车上俯视大地，因此，"舆"也就引申为研究地的科学。中华民族是以风水起家的，伏羲氏以风为姓，炎帝、黄帝住在水边，故以水为姓。在历史上，地理、阴阳、卜宅、形法、相地、相宅等，都是风水的别称，最早的"卜宅之爻"在商周之际或更早时期即已出现，见载于中国最早文献如殷墟出土的甲骨文《尚书·卜辞》等若干篇章，都是有关古代先民选址和规划经营城邑、宫宅活动的史实性论述。"卜宅"最早见于《尚书·召浩》。"太保（姬）朝至于洛，卜宅厥既得卜，则经营"是说周克商后于洛河之阳选址营建洛邑之事。殷墟出土甲骨文记载当时已有"卜宅之爻"。"贞：作大邑于唐土"（金611）；"乙卯，争贞，王作邑，帝若，我从之唐"（乙570）；"唐午卜，丙贞：王易作邑，在兹，帝若"（丙86）等等。由此可知，此时之卜，兼有实地考察、择优而选之意，并非单指占卜。

阴阳，最早出于《诗经》之《公刘》章，如"于胥斯原"，"陟则在山狱，复降在原"，"逝彼百泉，瞻彼溥原，乃陟南冈，乃觏于京"，"观其流泉"，"度其夕阳"，其中更有"既景乃冈，相其阴阳"句。此句被后世风水称之为"阴阳"之经典，故俗称风水师为"阴阳先生"。

《诗经》这一美丽的史诗，历历如绘地描述了周人的先祖公刘率周民族由邰迁豳，勤勉勘察山川形势与水土之宜，规划营宅，使周之先民得以安居生息的种种活动细节。这一记载，是中国风水始行的最早描述。后世，有关"阴阳"的著述颇为丰富，诸如《周易·系辞》："一阴一阳之谓道"，"阴阳不测之谓神"，"阴阳合德，而刚柔有体，以体天地之撰，以通神明之德。"《周易·说卦》："参天量地而倚数，观变于阴阳而立卦"；"是以立天之道，曰阴与阳；立地之道，曰柔与刚。"东汉许慎《说文解字》："阴，暗也，水之南，山之北也。""阳，高明也。"刘熙《释名》："阴者，荫也，气在内而奥阴也；阳者，扬也，气在外而发扬也。"

中国祖先通过大量劳动实践，建立了“阴阳”这一辩证思维的哲学理论体系，广泛渗透于我国古代科技和文化各个领域中，特别是我国中医学和风水学，几乎就是阴阳学说的具体运用。《**黄帝内经》说：“不懂易者，不能成太医。**”可见易经是中医药学的核心。

关于“地理”，今天西方人认为地理是说明“人与地的关系。”在我国古代，地理泛指今人之风水。王充《论衡·自纪篇》：“天有日月星辰谓之爻，地有山川陵谷谓之理”；唐代孔颖述云：“地有山川原隰，各有条理，故称地理。”中国历朝历代，均有冠称“地理”的风水著作。

关于“风水”，一般公认语出晋人郭璞传古本《葬经》，谓：“气乘风则散，界水则止，故谓之风水。风水之法，得水为上，藏风次之。”《葬经》简明概括了风水选择标准：“来积止聚，冲阳和阴，土厚水深，郁草茂林。”

综上述“风水”的典出及释义，可概括为考察山川地理环境，包括地质、水文、生态、气候、地形、地物、植被、人文、景观等，然后择其吉，取其利，而营造城邑、宅舍及陵墓等，使其达到天地人合一的至善境界。这实为古代的一门非常实用的科学技术。

第二节　风水与气场的科学观

“风水”与“气场”，它们虽然具有不同的概念，但在实践应用中是相互统一和相辅相成的。为了探本求源，现分述如下。

“风水”这个概念，晋朝的郭璞在他所写的《葬经》中提出了“气”、“风”、“水”三个概念，从现代的科学观点怎样去认识它呢？

“气”和“风”两者中之“气”，古代用“炁”来表示。“炁”相传古代读音为qi，和现代汉语的“气”同音。气的本质是一种超微粒子，它不仅仅是指空气的气，而且还包含一种力，一种波，一种能量。“气”是“万物之母”。天地形成之初，在盘古初开混沌之际，大地空间所显露的混沌状态，正是气的体现。故可说气是无所不包、无所不在的宇宙物质。当这种宇宙物质获得能量，由静态转为动态，并以能量波的形式形成物质流时，它就成为风水学上的“风”。因此，“风”的实质就是“气”，或说“风”由“气”而生，由“气”而转。据此，当存在于一定范围内的“气”获得能量时，就形成气的场，称为“气场”。好像一块磁石，在以磁力线形式来体现其能量所分布的范围内，就是它的场，叫作“磁场”。大量的研究已经表明，任何物体都处于特定的显能或潜能状态，故都有“气”，都有自身所形成的“气场”。

“水”，风水学中的“水”与自然界存在的水，是两个不同的概念。自然界的水，是地球上一种无色无味液体的总称。而风水的“水”，是地球静态中的变动物质，是产生于地球上一种能量场的代号和代名词。这种能量场中的水，随地形地貌的变化而变化，相聚而成形，相变而成势；一旦蓄势待发，便显出强大的场能。这实际上就是地球磁场能力的体现。古人就把这种大地磁场叫做“水”，也称之为“地气”。而这“地气”又有凶吉之分。

基于上面的分析，“风水”与“气场”，就是宇宙能量和地磁能量的相承和结合。正如金代兀钦注《青乌先生葬经》所说：“内气萌生，外气成形，内外相承，风水自成。”那里的地形、地貌、地物适应于天地之间，能量结合形成的最佳状态，就是好风水好气场，反之，就不是好的风水好的气场。

第三节　风水与阴阳五行

古代把“风水”又称“阴阳”，看风水的人被叫做“阴阳先生”，在这里有必要就“阴阳”这一概念作深入透彻的探究，增加认识和理解。

根据唯物辩证法的观点，任何事物都有正反两个方面，任何事物都是矛盾对立的统一体。这正是“阴阳和合”与“阴阳合一”的正确理解和认识。人们知道，人分男女，构成了人类社会；物种分雌雄，才会万物繁衍；植物也有阴性和阳性之分，形成一个绿色世界。黑与白、太阳与月亮、光明与黑暗等，都是互相对立，相依并存，显现出万千色彩。再从现代科学分析，任何物质都存在正反两个方面，原子是构成物质的最小单位，原子里包含有正电子、负电子。科学发展使人们认识到原子是由粒子组成的，粒子中也包含有阳离子和阴离子。事实证明，世界上的一切事物都有阴阳对立统一两个方面的存在。

古人正是这样感知而把宇宙万物分为阴阳。最早的阴阳概念，来自人类对时光的感知，日为阳，月为阴；昼为阳，夜为阴；物体向光的一面为阳，背光的一面为阴。继而不断的推演，进一步以阴阳来解释自然现象和社会现象。

阴阳概念发展成为阴阳学说始自周代，特别是《周易》一书，对阴阳术理作了全面系统的概括和详细的阐述，故成为我国最早的阴阳学说。《周易·彖传》曰：“大哉乾元，万物伊始”，“大哉坤元，万物滋生”；“二气感应以相与……而万物化生”。这里“元”是指“乾”就是阳，“坤”就是阴。阴阳之气相合感应，就是万物的本原。《周易·系辞上传》还说“是故易有太极，是生两仪，两仪生四象，四象生八卦”。这就指出“太极”包含“乾坤”，即阴阳两仪，而生出世间万物。古人还用太极图的形式表现了阴阳的统一存在。太极图中，黑白分明，一阴一阳，象征一切都处于对立统一的状态。同时，图的结构，负阴而抱阳，黑鱼中有个白眼，白鱼中有个黑眼，更突显阴中有阳、阳中有阴的对立统一。

古人在《易经》中还提出“一阴一阳谓之道”。说明一阴一阳存在着对立的规律。阴阳的对立存在不是静止的，而是运动变化着的，它们两者既对立依存，又互相推移，互为转化，循环往复。如自然界昼夜交替变化、四季气候年年变换，周而复始；人类社会的正邪、祸福、吉凶、好坏相互变化等等。

阴阳生于太极，太极源于炁（读“气”）。风水的核心也是炁，即气场。风水的阴阳问题，就是如何认识构成阴阳和合的气场。**古人勘踏风水，其目的就是为了发现、选择或设置一个阴阳和合、阴阳平衡的气场**。

世界上万事万物都以阴阳对立、统一形式存在着，那么它们是以怎样的方式达到阴阳平衡的相对稳定状态呢？概括来说，**世间事物就是在相生相克、互相制约中使阴阳保持平衡和相对稳定的**。

古人通过对事物的长期观察感知：**把金、木、水、火、土五种属性的物质，认为是构成事物的基本元素，称之为“五行”**。古人又认定：金、木、水、火、土五种物质元素是相生相克的，它们之间的相生关系是木生火，火生土，土生金，金生水，水生木。它们相克的关系是木克土，土克水，水克火，火克金，金克木。**每个五行元素既有被生的一面，又有生他的一面；既有被克的一面，又有克他的一面**。这种五行相生相克的存在，就能使事物达到阴阳平衡和相对稳定。

宇宙天体作用于地球，地球环绕太阳一周的时序分为四季。春季气场属木旺，适宜万物生长；夏季气场属火旺，植物茂盛丛生；秋季气场属金旺，气候肃杀，树木渐露落叶衰颓之态；冬季气场属水旺，严冬冷酷，百物处于寂灭；年末的十八天气场属土旺，时处三九之际，隆冬严寒，但小寒大寒时，植物开始在地下萌动，出现生机，等待来年破土重生。如此往复循环，年年如此，达到和保持阴阳平衡，这是**从时间上看事物的五行变化**。

人类生活于大地，以地理方位来区分，有东、南、西、北、东南、东北、西南、西北四面八方；细分还有八八六十四个小方位。**根据地球自转和天上二十八个星宿相对地球的位置，对应宇宙场能作用的大小，古人又把方位和五行联系起来**：东方气场属木旺，南方气场属火旺，西方气场属金旺，北方气场属水旺，东北、西南两方气场属土旺，东南属木旺，西北属金旺，中央属土旺，它们之间的五行相互作用，达到了大地阴阳平衡。

综合上述有关阴阳五行和八卦方位的诠释，可以了解到**古今所说的风水，就是从地域和时空上评价阴阳的平衡与否，来察看与区别具体事物、气场的好坏和人事的吉凶（指人与环境的协调效果的优劣）**。

第四节　天人合一与风水凶吉

《周易大传》中提出："夫大人者，与天地合其德"，这是说堂堂正正的人（"大人"与"小人"对称），能懂得调节事物，使其与天地运行规律相统一。由此引伸出"人天关系"这个新义，这就是天和人相互统一融合的关系，即为人们常说的"天人合一"。人生活在自然界中，要适应周围的自然环境，所谓适者生存！但复杂多变的自然环境，往往不是一切都适从人愿。这就要发挥人的主观能动性，运用自身的智慧与技能去改造自然环境，使它适合于人，达到"天人合一"。

"天人合一"就是风水好坏的标准。宇宙气场和地球气场不断运动变化，它们之间形成的合力，会不断作用于地球，影响人类。例如，台风的袭击就是一个明显的例子，这是一种自然界带来的不利影响；又如"9·11"事件中倒塌的世贸大厦——双子星姐妹楼，就不是天人合一的吉相布局。不论是"风煞"还是"天斩煞"，等等，**风水学上都称之为"煞"。"煞"，宏观上是宇宙给地球造成的自然灾害；微观上是人们居住的小环境也存在着对人不利的诸多因素。这就产生了人们如何趋吉避凶的问题。趋吉避凶，就是设法将所有对于人不利的环境因素变成完全有利于人，风水上就称之为"化煞"**。

第五节　"山环水抱"实质是"林环水抱"

我国古代堪舆学认为**"山环水抱有气"，"山环水抱"**必是风水宝地。这是从无数实践中总结出来的经验。只要是人群聚居的地方，不论是村落、集镇，还是都市，绝大多数是为水所抱，并周围环山。因为水可以聚气养人，能调节气候或便利交通，山也可以聚气养人，能防风挡沙，调节气候。山和水又都能为人们提供财富，但水必须曲(抱)和广，山必须成环和有树，否则荒山直水便是穷山恶水了。

纵观全球，凡古代文明国家或现代繁荣富庶的国家，莫不有山有水，古风水学认为山静为阴，水动为阳，笔者则认为山健为阳，水柔为阴。山为阳，水为阴，阴阳相济，繁荣昌盛，国泰民安。山多水少则阳偏亢，水多山少则阴偏盛，都非太极之道。所谓山水宝地，必须有山有水，而且在外形上，山要成环，水要曲抱。但是从华北到西北，很多重旱之区，虽有高山、陡坡、深沟，由于人类活动的不合理，地表植被受到严重破坏，无雨时则十分干旱，一旦大雨来临，因为没有林木、草地的遮挡，径流急剧汇集，以致又造成山洪暴发，导致山体滑坡、泥石流等毁灭性灾害。

十分明显，**所谓“山环水抱”，其实质是“林环水抱”**。没有林木的“山环”，是衰败死亡的“山环”，不会带来好的气场和生命的繁衍，更不会带来财富。**“林环水抱”是绿色风水（环境）学的理论和实践的重要依据之一**。

“林环水抱”对地球而言，应是一个绿色的地球。对一个国家而言，应是一个繁荣昌盛的国家，对一个城市而言，应是一个生态平衡的城市，对一个村镇而言，应是一个生气盎然的村镇。许多的历史名城多是傍水而建，都市在水的环抱中生活了几千年。其不足之处是某些都市缺乏森林和树木，有的近郊虽有群山，却是光山秃岭。有的位于平原的城市，近郊只有蔬菜、粮食作物，十分缺乏树木。有的城市原来水洼很多，气候宜人，后来却被填平建屋。更有的为了急功近利大兴工业，大肆污染了清洁的水源。总的来说，人们头脑中还缺乏“林环水抱”的思想。

现代都市建设，就是要建成**“林环水抱的林水城市”**。这才是一个完备的、没有缺陷的城市。可以说，只有苍翠的林，洁净的水，才是对人民生活和生命最大的关爱。城市应该如此，一个国家也要建成一个林水国家，一个地球也应建成有辽阔的森林和清洁的海洋的地球，那才是全人类的幸福。

第二章 "李氏绿色兵法"的科学依据

第一节 植物是生命的保护神

宇宙螺旋气场对地球产生效应作用，最重要的贡献之一，就是使地球出现了大片的森林、树木，让各种植物遍地开花。这些植物不仅美化了自然环境，也对人类自身、对一切生物的生存繁衍发挥了保护作用。

一、构成全球生态系统的安全环境

你听说过防风林吗？树林枝叶能削弱和挡住强风，减少对农作物的危害。一亩防风林可保护100多亩农田免受风灾。森林有水库那样的功能，经科研工作者测算，5万亩森林相当于建了一座100万立方米的水库，10米宽的林带就能吸收84%的降水，当林带达到80米宽的时候，地表径流几乎完全转变为地下径流储蓄起来，就像进了水库一样。一亩树林，在一天里可蒸发水分120吨，吸收热量3000万卡，从而发挥调节气候的功能。森林是动物的大本营，蕴藏着丰富的生物资源，是地球上巨大的天然基因库，如果没有森林，陆地上生物产量的90%将消失，450万个物种将灭绝；森林（植物）吸收太阳的光能，固定碳素，转化成果、蔬、谷物，供动物及人类享用，才有动物的繁殖，才有人类的生存。

随着世界人口的增加，生产不断发展，农业中大量使用有毒农药，工业中排放含有各种有害物质的废气、废水、废渣（统称"三废"），大量进入大气、水体和土壤，造成环境污染，影响生物的生存，人类的健康、生活以及生产受到威胁。净化环境，保护我们的乐园，只有植物，时刻发挥着巨大、全面的净化作用，成为保护环境的忠诚卫士。

植物是天然的"净化器"。每10平方米的绿地，可消耗掉一个人呼吸排出的二氧化碳，并供给需要的氧气。一亩树林，每天光合作用放出的氧气28700克，吸收的二氧化碳等劣质气体67700克。植物对有毒气体氟化氢、二氧化碳、氯气、臭氧、一氧化碳等均能吸收。每千克樟树叶可吸收氟2200毫克，女贞叶可吸收1000毫克，海桐叶可吸收655毫克，使人类不受到危害。法国梧桐、合欢、泡桐、构树等均能吸收二氧化碳。夹竹桃、棕榈、美人蕉、广玉兰等能吸收汞蒸气。有了植物，等于给空气安装了净化器，它们能及时吸收掉有毒气体，补充新鲜氧气。

植物是大型的"吸尘器"。绿色植物能阻挡和过滤灰尘，减少空气中的灰尘量。没有树木的城镇，每天每平方米降尘850毫克，有树木的城郊地区则低于100毫克。女贞、榆树、广玉兰、重阳木等很多树种具有很强的滞尘力，每公顷松树林一年滞尘总量可达34吨，草地也能大量吸收灰尘、固定尘土。

植物是强大的"空调器"。绿色植物的枝叶能将太阳光辐射到树冠上的热量吸收35%左右，将20%～25%的热量反射回去。同时，由于植物的蒸腾作用，也可以带走一部分热量。蒸腾作用还可以使空气湿度增加15%～25%，在树阴下的气温比树阴外低5~8℃。所以，城区的气温一般比郊区高0.5～1.5℃。

植物是有效的“消声器”。声音一般不能超过60分贝，80分贝会使人疲倦、不安，90分贝会对人体产生危害。植物则具有消声器的作用，植物枝叶和茎干都能不定向反射或吸收声波，从而起到减弱噪声的作用。厚而多汁的叶片吸声效果更好。绿化的街道比不绿化的街道可减少噪声10分贝。

植物是良好的“灭菌器”。森林有杀菌的功能，有人这样比喻：一亩树林等于一台杀菌剂制造机。据测定，一亩桧柏林24小时内能分泌出2公斤杀菌素，能杀死肺结核、白喉、伤寒、痢疾等病菌。其它树木，如橙、黑核桃、法国梧桐等也能分泌出有杀菌作用的挥发性物质。绿化差的马路上每立方米空气中有细菌44050个，绿化好的马路上为22480个，植物茂密的植物园里则减少到只有1046个，在能分泌挥发性抑菌物质的松树林里仅589个，柏树林里747个，樟树林里1218个。绿化好的环境里，有植物充当了“灭菌器”，人类感染各种疾病的机会就会减少，有利于健康长寿。

植物是水土的“消毒器”。不同的植物具有不同的吸收和富集有毒物质的能力，它们能为水域和土壤消毒。水、土中所含有毒物质处于低浓度时，植物吸收后可以在体内将其分解和转化为无毒的成分。例如，丁酚进入植物体后，就能与其他物质形成复杂的化合物，在以后的生长发育过程中被分解和利用，参加细胞正常的代谢过程。其他如苯、氰等也有类似情况。水、土中有毒物质含量过高时，植物通过富集，使有毒物转移到植物体内，从而净化了水域和土壤。

二、提供生物的食粮——空气

人类在地球上生存离不开空气。空气是人类和生物赖以生存的环境因素之一。就像鱼儿离不开水一样，人类的生活须臾也不能离开空气，空气是人类生存的第一要素。空气中的氧气是生命体内新陈代谢过程中的重要成分，没有氧气的参与，90%的生物体内的氧化、燃烧过程就无法进行，生物所摄取的食物就不可能转化为生长所需的养分和活动的能量。氮气对生命体的存在重要性虽然不像氧气这般明显，但生命是以蛋白质形式存在，而蛋白质就是含氮有机物，生命活动中所必须的酶、激素也是含氮有机物，事实上，没有氮也就没有生命，而动植物、水、土壤中的氮，最初都是来自大气。可以说，空气不仅是生命之源，也是维持生命的必要条件，更是繁衍生命的基础。

在森林里被称为“空气维生素”的空气中的负离子非常之多，负离子能调节人类大脑皮层的功能，消除疲劳；能降低血压，改善睡眠；能改善人的呼吸功能，使人的脑、肝、肾的氧化过程加强，提高基础代谢率，提高机体的自身修复能力，还能提高人的免疫系统功能。经测定，在1立方米空气中，大城市里的室内只有40~50个负离子，在公园里有400~600个，郊外空旷地里可以达到700~1000个，而在森林里多达20000个以上。

森林还提供微波能量场。宇宙螺旋气场的能量，以微波的形式散布在空间，这种看不见的波，穿透地球上层的电离层，排除各种电磁干扰，通行无阻地到达地球各处。森林植物就提供了这个微波能量场，因为植物具备接收微波的功能，是天然的微波天线、天然的微波接收器。1979年《中国电子》编辑、电子学家张惠民在自家屋里做过一个实验，以院内大树、室内盆景用导线引入电视天线插口，电视图像比用室内天线清楚得多。印度科学家也做过同样的试验，用导线刺入香蕉树干的脉络，另一端接到电视机上，同样得到清晰的图像。

实验证明，植物的勺形叶片、喇叭状花朵，都是完整的绿色微波天线，它们能接收宇宙发来的信息、能量，大片的森林更是如此。森林、树木、各种植物遍布高山、平原，甚至深入家居庭院。哪里有植物，哪里就有微波能量（宇宙螺旋气场）的效应，正是这样，“天人合一”、“天人感应”才得到很好实现。

三、 植物保湿作用可保护人类的呼吸系统

树木花草有保持大气湿度、减少水土流失、防风沙、吸附尘埃、释放新鲜负离子、氧气的作用，这一切都有利于使我们呼吸的空气保持新鲜湿润。湿润的空气可使呼吸道粘膜湿润适化，避免由于干燥的秋冬季节令呼吸道粘膜的防御功能减弱。统计结果显示：农村很少暴发大规模呼吸道疾病。而在建筑群和人员密集区或者水土流失严重的黄土高原，绿化覆盖率相当低，加之空气中的汽车尾气、尘埃及损害人体免疫系统的阳离子都大大削弱了呼吸道的防御功能，这些因素都易使人出现精神萎靡、头晕、头痛、眼干涩、胸闷等一系列亚健康状态，因此呼吸道易为病毒攻击；而充足的大气湿度可使上呼吸道粘膜功能旺盛 。因此能保持大气湿度的花草树木就成了人类抵御病毒入侵的天然卫士了。

第 二 节　植物隐藏的易理天机

一、植物的叶序太极图（斐波那契型）

斐波那契型图有玄机

叶序，是指植物叶子生长的顺序。在植物学家眼里，叶序颇有神秘色彩，其神秘在于叶序具有精确的数学规律。

叶子的嫩芽围绕着茎圆周逐个产生并生长，从顶端向下看，其生长的轨迹犹如向日葵花盘（右图）。有顺时针和逆时针两种旋转方向相反的螺旋线。

（图一）示叶序，名曰“斐波那契型”，叶序比为：21条顺时针螺线，13条逆时针螺线。

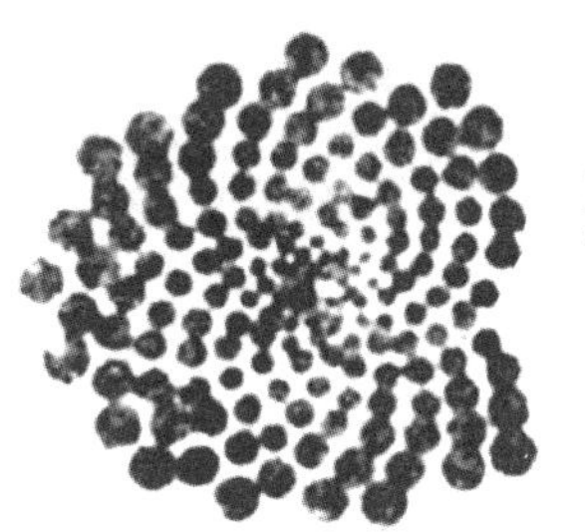

图一. 叶序的太极图（斐波那契型）

叶序之谜并不神秘，宇宙螺旋场原理应该可以揭示这个奥秘。其顺逆螺线恰是宇宙螺旋场的正反两种气旋的烙印。它符合数学规律之谜在于河图、洛书的严格数术特点，即《易经》包括象、数、理、占中的“数”的特点。

二、植物生长的左旋和右旋

植物的花、叶生长存在螺旋特性，即左旋与右旋。判断左旋或右旋的方法，恰如人爬一座螺旋形楼梯一样。右旋，即顺时针方向，具体排列或缠绕生长是从北而东而南而西；左旋，即逆时针方向，具体排列或缠绕生长是从北而西而南而东。左旋生长的植物有螺旋露兜（图二）、牵牛花（图八）、水稻（图三）等，开花从上而下向阴的属左旋植物。右旋生长的植物是指随着阳光转移，如玉米（图五）、金银花、棉花（图七）、小麦，开花从下而上向阳的属右旋植物。植物中也有左右旋皆有的，如文竹（图六）天冬、首乌（夜交藤）等。

植物生长出现左旋或右旋，原因是受天体与地球运动的影响，它反映了天体与地球运动是两种相反、阴阳交替而成的“8”字气旋，说明植物是遵守宇宙全息的运动法则，完全适应整个天体宇宙两种旋转方向螺旋气场的。

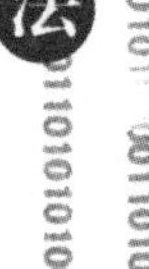

图八. 牵牛花（旋花科）

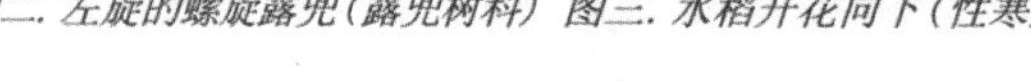

图二. 左旋的螺旋露兜（露兜树科） 图三. 水稻开花向下（性寒）

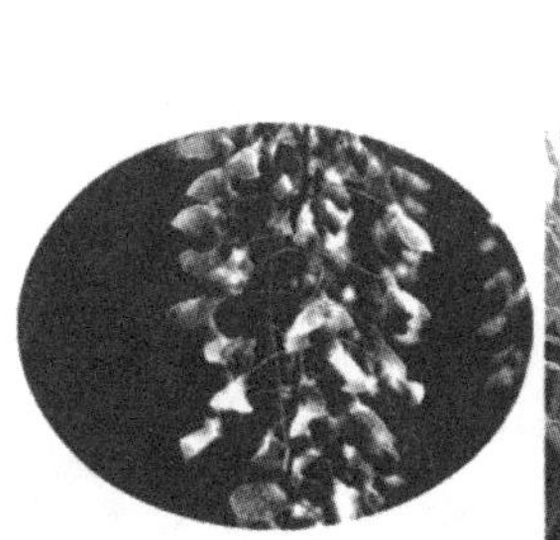

图四. 紫藤（豆科，左旋）

图五. 玉米开花向上（性温）

图七. 棉花开花由下到上（锦葵科）

三、 植物形态留下的宇宙信息

图六. 左右旋皆备的文竹（百合科）

绿色世界浩瀚深邃，蕴藏其中的宇宙信息，将帮助人们改造自然，造福全人类。

创立坐标法的著名数学家笛卡尔，根据研究花瓣和叶形曲线列出了$X + Y = 0$的方程式，这就是现代数学中有名的“笛卡尔叶线”或“叶形线”。

植物的外形轮廓和空间排列是可以用数学公式来描述的。例如，向日葵花盘上瘦果的排列、松树球果上果鳞的布局、、菠萝果实上的分块，都是按照对数螺旋在空间展开的；云杉、雪松的树形则为优美的圆锥体状。植物为什么要按照数学的规律来安排自己的叶片、花和果实呢？这是植物长期适应和进化的结果。例如，向日葵花盘上瘦果的对数螺旋线的弧形排列，可使果实排得最紧，数量最多，效率最高。车前草的叶片是轮生的，叶片间的夹角为137° 30'28"，这是圆的黄金分割的张角。按照这个角度排列的叶片，采光面积最大，提高了植株光合作用的效率。建筑师参照车前草叶片排列的原理，设计出现代化螺旋式的高楼，达到较佳的采光效果。树形是圆锥体的云杉和雪松可抵御狂风暴雨的袭击而不致倒伏。比较一下古代宝塔或现代的电视塔的形态、布局，它们是多么相像。

图九. 千岁兰（又名羊角，龙舌兰科）坚硬的茎叶结构，给建筑师灵感，设计出仿植物建设的高楼建筑

图十. 马来西亚的双子星塔（世界第二商楼）是仿千岁兰和小麦茎秆结构建造的高楼

植物的内部结构是力学原理的典范，如（图九）可说是力学家的"老师"。植物的茎绝大多数为圆柱状，少数为三角形或四棱形。因为圆柱形表面积最小，受力最均匀；用材最少，容量也最大，更利于茎发挥承受支撑和运输养料的作用。细看那纤细而中空的小麦茎秆，直径虽小却仍能支撑起比它重几十倍的麦穗及茎上剑一般的叶片而不致折断。所以建筑上常以圆形的柱子作顶梁柱。另外，按力学原理讲，同一材料同样粗细的中空与实心杆体，它们的支撑能力几乎是相等的，小麦茎秆结构以最小耗料而获得最大程度的坚固状态。

绿色世界给人类的启迪还有很多很多。从植物的外形、枝叶的排列和花、果的布局中，我们看到了数学的美和仿生学的美。在科技飞速发展的今天，将会进一步揭示它的规律，让自然更多地造福人类。

四、植物细胞的秘密

1. 形态各异的细胞

现代植物学的知识告诉我们，植物体的构成单位是细胞，最简单的植物是由一个细胞构成的，多数植物是由许多不同的细胞构成的。在显微镜下，构成植物的细胞多姿多彩，千奇百怪。洋葱表皮细胞排列得整齐有致，就像砌好的砖墙；番茄果肉细胞圆圆的，像一个个皮球。另一些细胞则有的像一根管子，有的像织布的梭子，有的长方形，有的多角形，有的形状不规则（图十一）。

同是细胞，为什么会存在着形态差别呢？这是由于不同的细胞所处的部位及环境条件不一样，它们的生理功能也不相同，因此细胞的形态也表现得多种多样。图A~E中的A是长方体细胞，这样的细胞往往位于植物体表面，洋葱表皮细胞就属于这种类型。B是多边形细胞，也叫等直径细胞，根尖、茎尖生长点的细胞多为这种形状。C是椭圆或卵圆形细胞，果肉细胞经常是这种形态，例如番茄和西瓜的果肉细胞。D是植物叶表皮的细胞，形状很不规则，是扁平的，无色透明。中间的结构又与众不同，是两个半月形的细胞，叫做保卫细胞。两个保卫细胞之间留下的缝隙叫气孔，是气体出入的门户，气孔可以张开和闭合，这是由保卫细胞控制的。E是茎和根中的导管细胞，这些细胞上下连接起来，中间的横壁消失，成为贯通的长管，水分能在里面运输。有的细胞呈细长的纤维状或梭形，有

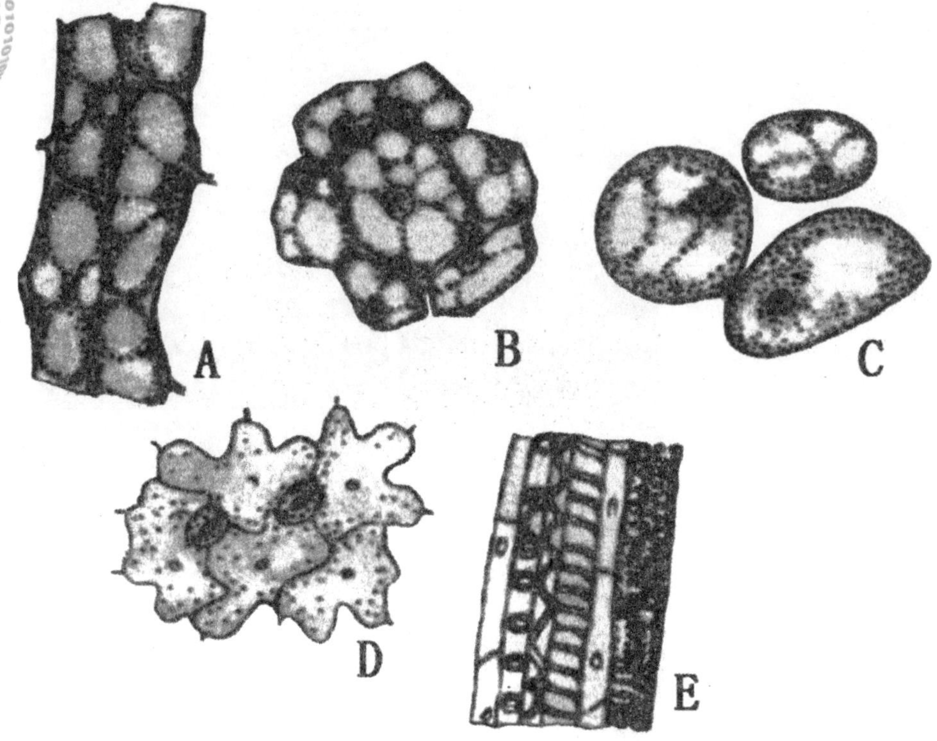

图十一. 细胞形状、结构的不规则类型

很强的韧性，不容易被拉断。捆东西用的麻绳和织麻袋用的麻，主要成分就是韧皮纤维。

2. 细胞里的物质和有趣的细胞结构功能

通过化学分析，我们了解到，细胞是由水、无机盐、糖类、脂类、蛋白质、核酸等物质构成。这些物质参与细胞的构成，对细胞的生命活动起调节作用，核酸是植物的遗传物质，决定着植物的亲子代相像或变异，其中水的含量最多，在植物体内含量占到体重70%，细胞时刻进行的化学反应都在水中进行。

在电子显微镜下，细胞简直是一个奇异的王国，细胞质中有形态各异的结构，叫做细胞器，如线粒体、质体、内质网、高尔基体、核糖体、液泡等，这些细胞器有各自的分工，就像林立的工厂，生产井井有条。

线粒体是细胞的动力工厂，为细胞生命活动提供能量。质体就是植物色素的制造工厂，根据质体所含色素和功能的不同，决定了植物的色彩，而其中的叶绿素是个专业车间，负责进行光合作用，叶绿素分子吸收光能，使二氧化碳和水合成有机物，同时把光能转化成有机物里的化学能，正是有了叶绿素，植物就能自己制造营养物质，维持生存。液泡是一个储存仓库，不同种类的植物有不同的生理活动，它们的液泡内就会积累不同的物质。这些物质供给植物自身营养，也是人类利用植物资源的来源，在许多植物的液泡中含有一种色素——花青素，花和果实的多种颜色就是在花青素作用下呈现出来的。花青素显示的颜色与细胞液的酸碱度有关，酸性时花青素呈红色，碱性时是蓝色，中性时是紫色。如果植物花果颜色是黄色或橙黄色时，就是液泡中叶黄素和胡萝卜素的作用了。

五、植物细胞核的遗传密码

1. 植物的遗传物质

俗话说："龙生龙，凤生凤，老鼠生儿尖嘴种。"这句极具诙趣的话语道出了生物遗传的本质，植物的遗传也是这样。花生种子生出的就是花生，牵牛花种长出来的就是牵牛花，它们的父代和子代都是同一品种、形态、性质特点，丝毫不会改变。是什么使得植物物种代代相传不变呢？早在20世纪初，科学家们就已研究出是植物细胞中的遗传基因，这种物质叫做核酸，决定遗传基因的分子有两种，即脱氧核糖核酸（DNA）和核糖核酸（RNA），这两者中的磷酸是没有区别的，但糖有两种，分别是脱氧核糖和（不脱氧的）核糖，脱氧核糖核酸的分子主要在细胞核里，核糖核酸在细胞核外。

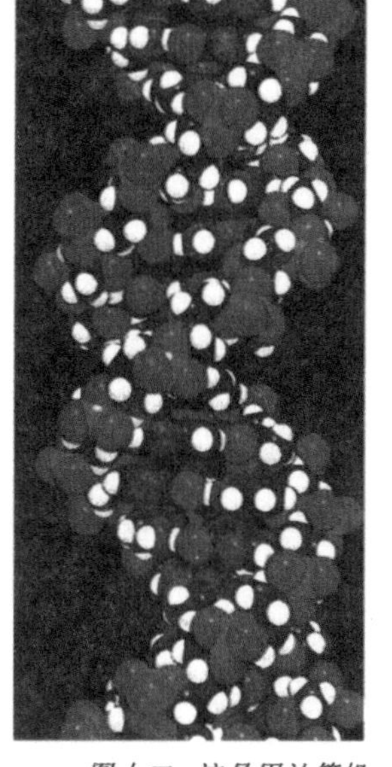

图十二. 这是用计算机描绘的DNA（脱氧核糖核酸）双螺旋结构图

2. 植物遗传基因密码的组合

1953年英国物理学家克里和美国年轻的生物学家沃森共同发现了遗传基因的物理结构，很像一个分子组成的螺旋梯，两条链——磷酸（DNA）长链是梯的主体，再把链条梯转成双螺旋，由于双螺旋的两条链之间严格遵循DNA与RNA配对原则，并且按一定顺序排列，这样来保证遗传基因的不变，这种组合形式，就称为生物遗传基因密码。

既然遗传密码在DNA这个长链上，它又是用什么编制的呢？说来也很神奇，编制电报密码的是0、1、2、3、4、5、6、7、8和9这10个数字，每个汉字由4个数字表示。而遗传密码却比它简单，只由4种核苷酸组成，这4种核苷酸的碱基叫腺嘌呤（A）、鸟嘌呤（G）、胸腺嘧啶（T）和胞嘧啶（C）。它们的配对是固定的，即G与C配对，A与T配对。遗传的性状是通过蛋白质表现出来的，而蛋白质由20种氨基酸所构成。如果用4种碱基中的任何2个碱基进行编码，一共可编出16种密码，这对控制合成蛋白质来说是不够用的。如果用4种碱基中任何3个进行编码，就可以编出64种不同的密码，这就完全够用了。用3个碱基组成的氨基酸密码，就是三联体密码。三联体密码决定了氨基酸，氨基酸决定了蛋白质，而蛋白质最后决定植物的性状。

有趣的是，**植物（生物）遗传基因的64对不同密码，构成了各种各样的植物。古代《周易》也正以同样的结构反映了世事万物的多样性**。如图生物（植物）遗传基因密码，是1866年由奥地利神父孟德尔发明的，至今才100多年历史。而从"八卦生成图"和"生物（植物）遗传基因密码组合图"完全相同上，可以看出，**我们的祖先早在几千年前就洞悉了生物遗传基因密码**。

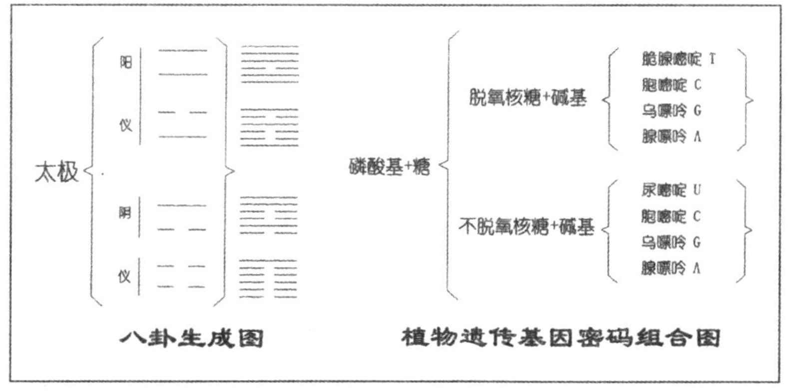

图十三. 上图资料由易学家邵伟华提供

第三节 植物与太阳、月亮的关系

一、植物与太阳

太阳对于植物太重要了，太阳成就了植物的光合作用，加速了地球上一切生命的发展。

地球上最早出现的原始生命生活在溶有无机物和有机物的原始海洋中，当时的原始大气中也没有游离的氧气。原始生命不能把无机物合成有机物，只能从环境中获取现成的有机物。在缺氧的条件下，只能进行无氧呼吸，分解有机物不彻底，获取的能量很少。在漫长的生物进化过程中，能够进行光合作用的植物终于艰难地进化出现，如蕨类植物和种子植物。它们通过叶绿体，利用太阳光能作为能源，将简单的无机物如二氧化碳（CO_2）和水（H_2O）合成为碳水化合物，并释放大量氧气，同时又以碳水化合物作为基本骨架，将吸收的各种矿物质元素如氮、磷、硫等合成蛋白质、核酸、脂类等生物大分子。光合作用的出现标志生物界的同化作用加强，不仅供应绿色植物本身的营养，也维持了非绿色植物、动物和人类的生命。光合作用将光能转变为化学能，使生物有充足的能量供给，生物界出现了生机勃勃的景象。由于光合作用释放出氧气，有氧呼吸出现了，生物分解自身有机物的能力增强了，生命活动所需要的能量更充足了。

由于光合作用不断地释放氧气，大气中氧气逐渐增多，在强烈太阳光作用下，一部分氧气转化为臭氧（O_3），经过亿万年的变化，逐渐形成了离地面的25千米高的臭氧层。臭氧层能滤掉太阳光中过多的紫外线，地球上的生物进化才有了可靠的保证，使原来只能生活在水层下的生物得以向陆地上发展。如果没有臭氧层的保护，所有的紫外线全照到地面上的话，几分钟之内，地球上的树木将会全部烤焦，所有的飞禽走兽都逃脱不了死亡的厄运。可想而知，没有臭氧层，就没有生物的存在。

事实证明，**植物的光合作用是地球上一切生命的存在、繁荣和发展的根本源泉。**

二、植物与月亮

月亮是地球的卫星，它有神奇力量。我们的祖先最早就是根据月亮绕地球运转的周期和位置来安排农事活动和日常生活，并且知道月相变化会对植物生长、人体和人的情绪等产生影响。约翰娜·保格和托马斯·珀佩这两个外国人，经过多年研究后，写出了《月亮词典》一书，汇集了我们祖先已经发现和掌握的规律，证实了我国古代在这些领域所取得的丰硕成果。

1.农历节令提示的种植活动

月亮影响种子发芽率的高低，农作物的生长、开花和结果。所以农民在耕作、种植时，是根据月亮的变化，按照一年中二十四节气而行事的。

进入大寒时节，尽管还是天寒地冻，甚至雪花纷飞，千里冰封，但已预示着春天即将来临。一些植物已开始萌动；南方的花农已知道在此时对玫瑰花剪枝扦插是最易成活的。

民间谚语“懵懵懂懂，惊蛰浸种”，说的是早春二月，时当惊蛰，蛰伏地下的虫子破土出洞，农民开始浸泡水稻等种子进行春播。又如谚语“春分满地匀”说的是春分到了，是农作物种植的时候了，当令的瓜果蔬菜等都要在这个时候播种种植。在谷雨清明之时，人们都抢着栽种植物和移植树木。

2. 月亮圆缺的影响

月亮对地球的引力，使地球海洋产生巨大的潮汐。同样，月亮圆缺所产生的气场作用，也影响着人体的变化和人类的生产活动。花与月确有某种神秘的内在联系。常言道：**月明花更好**。许多花木对月光非常敏感，如胭脂花（紫茉莉）总是在明媚的月光下开出五彩缤纷的花朵，而在日出后收敛花容。杜鹃花沐浴在月光下，能开出艳丽的花朵。三色旋花在月下更显得色彩斑斓。花鱼草在月下争芳竞妍，散出成倍的幽香。栀子花和夜来香在皎洁的月光下蓓蕾怒放，香气尤浓。

科学家发现，有些花木如按“月相”进行种植、修剪和采摘，可比平时的效果好。例如玉兰花宜在月满前几天栽植，含羞草可在上弦月后两天栽种，玫瑰宜在月满前修剪，这样可使它们更旺盛。

初弦和满月前不久，水果等果汁特别多，生物产品则含有更多营养物质，香味更浓郁。满月后不久收获蔬菜和水果，品味最佳；土豆和蘑菇也是在满月时最香。

在渐盈月位于巨蟹座和天蝎座时，草的生长速度最快；而同一星座的亏月时，草长得最密，这时割草肯定收获最丰。

植物施肥在满月和亏月时效果最佳，因为这时土壤可以吸收更多水份，而新月时施肥则效果差一些，这也适用于室内和阳台上栽种的植物。

在月亏时，尤其是在天蝎座时拔野草效果最好。这时修剪树枝和植树也最适宜，因为植物内的汁液量在那时下降，也有助于生病的木本植物恢复健康。同样，在亏月时施肥，在渐盈时打穴效果也不错。

上午露水干后采集的中草药最为精纯。经晒干在亏月时贮藏，会避免发霉，且药力强而持久。

据测定，一轮明月以0.25勒克斯的“光照度”照射大地，相当于40瓦电灯泡在距离15米处的亮度。这样亮度的月光，适合花儿的需要，使其生机勃勃，含香展笑。

柔和的月光与热带名花的关系尤为亲近。誉为“沙漠夜美人”的昙花在夏夜一现，似出水芙蓉。此时，天上明月指引着飞虫去替花为媒，以防烈日烤晒。

花木对月敏感的道理在于月光比日光柔和，而随月亮的盈亏变化，月光的强弱也呈现周期变化。花木长期适应这种环境变化，就形成了各自的“生物钟”。生物钟控制开花时间，大多表现为“月圆花正好”，而月缺花难开。

第四节　植物的特异功能

一、揭开植物微观世界之谜

植物世界是美妙的，它们花繁叶茂，千姿百态。可有谁会想过，在绿叶表层的深处还有令人意想不到的奇观。叶子能够将阳光、水分和二氧化碳转化成葡萄糖，并通过光合作用吸收二氧化碳，释放出氧气，这些生物知识相信大家都知道。在高倍电子显微镜下，放大了的图片，为我们展示了一个**肉眼看不到的叶面的神奇世界**。

当你走过大片**烟草**农田时，只见烟草植株长势挺拔，肥厚的叶片碧绿碧绿的，没有一只虫飞舞扰攘，是什么东西保护它呢？原来烟叶上有一层屏障，用手触摸烟叶，你会觉得粘腻腻的，有一种油质的东西。用高倍显微镜仔细观察，就会看到叶面表层长满密密麻麻的毛状体，这是一种腺体，分泌出刺鼻的物质，驱赶各种飞虫，使它们不敢在上面停留。烟草五行中属金，跟人肺脏有关，人吸入烟草，使人肺呼吸道受损（图十四.1）。

天竺葵叶上有“眼睛”。在显微镜下把天竺葵放大240倍，它的叶子看起来像是来自外星的生物，这些特征正是它生存的关键。绿色的大“眼睛”是气孔调节叶片内部与外部空气之间换气的小口。棕黄色的腺须能释放出一种芳香油，威慑那些破坏性昆虫。天竺葵是自古以来有名的庭园花木，花是黄色，果是红的，秋叶变红，五行属土，据说有毒，幼儿园绿化慎用（图十四.2）。

水蕨为什么能水上浮？笔者早年在深圳海边红树林保护区，发现胎生植物旁有叶子浮在水面的水蕨，百思不得其解。经过显微镜的放大，可以发现在它叶片的上层表面长满了白色的防水茸毛，可以吸入空气，所以它能在水上浮（图十四.3）。

植物的香气何来呢？通过电子显微镜的放大发现，植物有**香腺**，植物的香气是由香腺散发出来的。**薰衣草**因有香腺，在它叶上覆盖有错综复杂的毛状体，下是一个淡棕色的油腺，薰衣草特有的香气正是由毛状体（香腺）产生的。毛状体的双重功能——保护植物不受害虫侵害，同时减少叶片水分的蒸发。薰衣草五行属木，它能益肝、通窍、宁神。在居室的“文昌位”放上一盆薰衣草，可益智宁神，有助提高学习质量（图十四.4）。

荨麻，显微镜下放大95倍，它的叶面长满了有毒的**刺毛**，如不小心碰它就会释放出可刺激神经传递的乙酰胆碱和产生过敏反应的组胺。它的刺毛既可防御食草动物，又使触碰它的人犯上讨厌的皮疹。荨麻五行属土带金，故与人的脾、皮肤、肺、呼吸道有关（图十五.1）。

油橄榄为什么能在干旱、大风下生存？用电子显微镜可以看到它的叶面像一把把张开的雨伞。叶面上的**毛须**可以防止在干旱和大风状况下水分的蒸发。正是它们使油橄榄树得以在炎热干燥的气候下生存。叶片

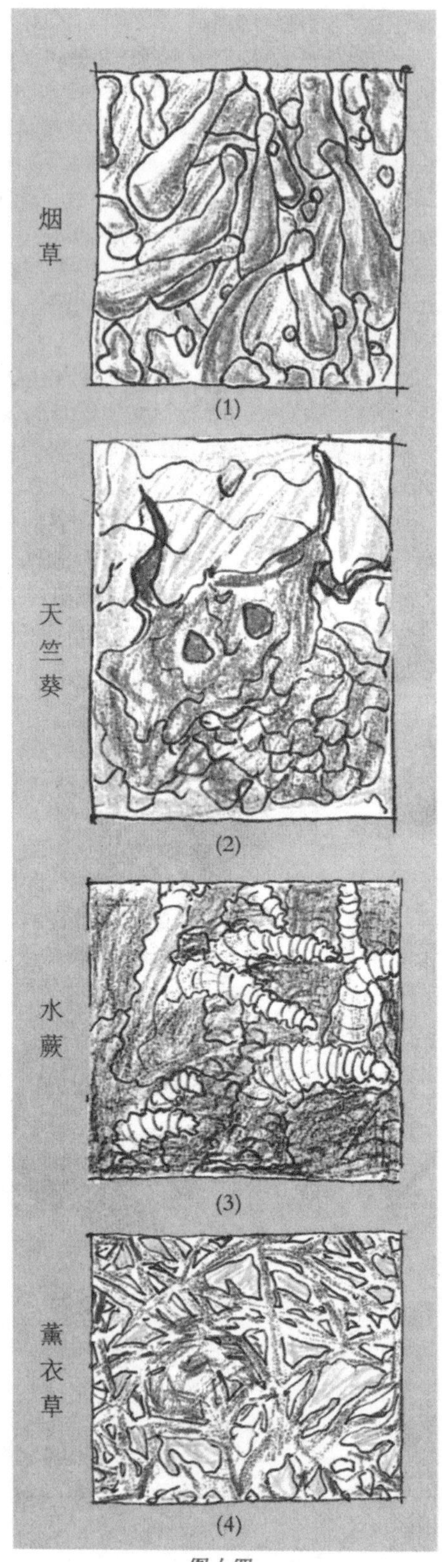

图十四

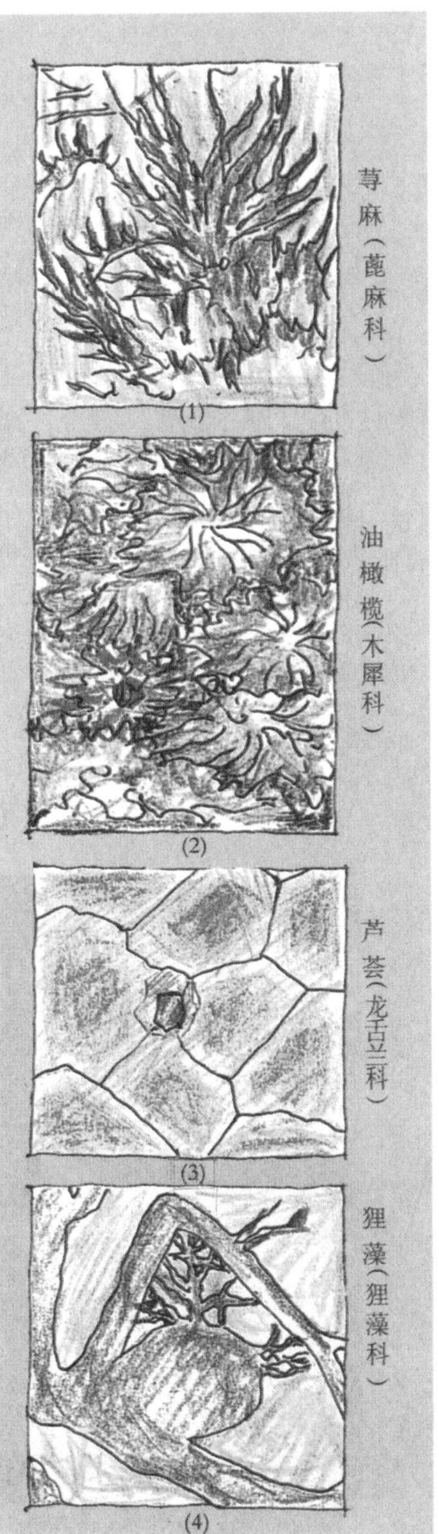

图十五

中的二氧化碳由中央的小气孔控制（图十五.2）。

芦荟叶上的“肺”。在放大325倍的图中，芦荟叶子上这个气孔的开关由它边上的两个保卫细胞控制。无数个这样的小气孔调节着芦荟蜡状叶面换气。所以尽管在干旱恶劣的环境中，肥厚多水的叶子水分不会散失。芦荟五行属水，对清热、降火、烦躁及美容有效（图十五.3）。

有袋可套虫的**狸藻**。狸藻是一种水生植物，它的“乾坤袋”神通广大，既可以帮助漂浮，又可以捕捉任何靠近其开口处触须的无脊椎动物。它五行属水，可以净化水体（图十五.4）。

二、植物色彩气味的神奇妙用

1. 巧妙利用植物色彩

随着我国园林事业的发展和人们物质生活水平的提高，人们迫切需要城市园林再现自然，植物配置要顺乎自然。绿色植物色彩丰富艳丽，形态优美，作为室内装饰性陈设，与许多价格昂贵的艺术品相比更富有生机与活力、动感与魅力。含苞欲放的蓓蕾、青翠欲滴的枝叶，给居室融入了大自然的勃勃生机，使本来缺乏变换的居室空间变得更加活泼，充满了清新与柔美的气息。

在我国的传统文化中，特别强调绿色植物的精神象征意义，并且用它们来陶冶情操，满足人们的精神需要。室内绿色植物的精神功能往往在于人对植物的联想，与这种需求心理联系在一起，植物也就有了不同的寓意。例如：松柏象征坚强与刚毅，梅花象征高洁，牡丹象征富贵，荷花象征清廉。借物喻人，人亦自悟，高尚的情操在潜移默化之中受到陶冶。园林设计规划中，按植物不同色彩进行定向设计，去建造既有美化功能，又宜环保养生、保健怡情，更能调整矫正人的心态功能的生态小园林，越来越得到人们的重视。

科学家发现生活在树木和草地附近的人有明显的心理变化差异。他们邻里关系更加亲密、友善，家中发生暴力显著少于居住在光秃秃的住宅环境中的人。城市规划专家指出，精心设计的公园及其它绿地，不仅有助于新兴产业和经济繁荣发展，而且对减少犯罪和促进社会安宁有潜移默化的作用。科学实践证明：在色彩缤纷的世界中，红色呈热烈，蓝色呈冷静，黄色呈温和，绿色尚清幽，白色显明快，黑色为高雅、厚实。色彩对人的性格和情绪有着一定的影响，同时还可以配合治疗某些疾病或能调整矫正人的心态功能。

笔者多年对植物与天体关系观察和对易经研究的成果——《植物螺旋气场“天人合一观”》，结合易经“阴阳和合”论，“五行生克制化”论，提出色彩园林的造园艺术理论。按植物花、果、叶、皮的颜色可分为红、蓝、绿、黄、白、黑，同时考虑不同植物的酸、甘、苦、辛、咸的性味，在园林造景时，依照人不同的特点，可设计成蓝色小园林、淡绿色小园林、红色小园林、黄色小园林和黑色小园林。

色彩园林不同于一般绿化园林，它既注重园林的美化艺术，又是生态平衡功能性极强的园林设计。它是针对环境污染日益严重，园林空间——有益于人们养生保健的园林空间日益缩小的问题，而派生出新的造园学。

色彩造园的科学依据同样来自古老的医学。中医、中药为什么能治病，医圣张仲景、李时珍等早就著书记载。不同的药可治不同的病，如桂枝可治手部的毛病，牛漆治脚部毛病，天麻治头部的毛病，升麻可把药引向上行，莱菔子可以引药下行。桔梗左旋，牛子右旋，它们合用，治咳嗽特有灵效。黄连治心，黄柏治肾，黄芩治肺……古老的中药治病科学性十分强，它们之间的配伍结构有辨证施治的科学性。由此得到启发，应用植物组成的生物场，对人类有保健效应！犹如中医中药治病一样，既有悦目的心理效应，也有药疗效应，它比国外近年所兴起的“森林医院”更有深邃的科学内涵。

淡绿色小园林（五行属木）

幽雅的淡绿色小园林，是一种奇妙的心理镇静剂。色彩研究者和心理学家认为，人置身于绿色环境里，皮肤温度可以降低1～2.3℃，脉搏每分钟减少4～8次，呼吸减慢，血压降低，心脏负担减轻。绿色能缓和心理紧张，使人安静，为人们营造一种和睦融洽的气氛，自然会减少使用暴力了（如图十六）。

图十六. 淡绿色小园林之材料（兰花）

淡绿色更显得清幽宜人，如性格内向、情绪压抑的人，居室、写字楼及周围 环境应以淡绿色为主，这样环境可以使住入的人感到清新，心胸开阔，坦然豁达。患有眼病的人也适宜这种颜色。因为中医认为肝属木，肝是眼之母，要补母益子，补了肝，对眼疾有保健治疗作用（如图十七）。

植物布置选用材料为董棕、鱼尾葵、尾叶桉、珍珠相思、大王椰子、假槟榔、三药槟榔、美丽针葵、黄杨木、女贞子、草决明、阴生的蕨类植物，如波士顿蕨、鸟巢蕨、星蕨等。野生植物，如黄牛木、遮柄藤等，还可铺设绿色草坪，以开拓人的视野与胸襟。

图十七. 粤北淡绿色小园林气场益肝明目(长苞铁杉)

红色小园林(五行属火)

红色小园林给人以热烈的氛围。对于性格孤癖、不善交际、自卑感强,对生活缺乏热情的人,居室、写字楼及周围环境应以粉红色或红色布置为主色,这样的色彩环境使人感到兴奋、精神振作,热爱生活,大方而乐于助人(如图十八、十九)。

图十八. 红色小园林之材料

植物布置:以叶红色的黄栌、肖黄栌、红乌桕、红桑、红叶李、杜英、红叶小孽、枫香、红薇、红叶木、五彩铁树(朱蕉),开红花和粉红色花的桃花、梅花、红玫瑰、红花蕉、红杏、火石榴、檀香山红铁、红椰子、红骨散尾葵、红苞木、雄黄木、仪花、红蒲桃、凤凰木、孔雀豆、红花洋紫荆、红宝巾,开粉红花藤本植物——珊瑚藤。还在水边配植串钱柳、落羽杉、池柏、水松,呈现四季景色的变化。

在红色植物配植的同时,适地设金鱼缸、喷水池,栽培水生植物,以增添生活色彩,创造充满热烈情调与气氛的环境,有利于逐渐增强对生活的自信心。

图十九. 红色小园林(属火的气场)

图二十. 黄色小园林之材料

黄色小园林（五行属土）

黄的色彩呈现温馨的气氛，对性格高傲的人，处事为人总爱多疑的人和有胃肠病、食欲不佳的人，他们的居室、写字楼和周围环境颜色以黄色、橙色为主，有助于改变其性格，变得较为谦虚谨慎、处事果断（如图二十、二十一）。

植物配置：应配桂花、黄金间碧玉竹、佛肚竹、南天竺、腊肠树、铁刀木、栾木、黄槐、龙爪槐、鸡蛋花、黄素馨、花叶连翘、洒金榕、萱草等，药用植物黄柏、盐霜柏、一支黄花、野菊花，藤本植物金银花、夜来香等。黄色小园林有利于胃肠和消化功能的提高。以上的植物布置选材，应用在餐厅、食堂、园林式酒楼，将更有特色。

图二十一. 黄色的色块构成的花坛

图二十二. 白色小园林之材料

白色小园林（五行属金）

白色小园林给人以整洁、卫生、明快的气氛，白色在中医中药五行中属金，与肺部健康有关。凡是吸烟成癖、咳嗽、支气管炎的人，应给他们建造白色小园林，有益于这类人（也有益于健康，如图二十二、二十三）的身体保健，在他们的住宅环境中应配白色系列的乔木与花草，如树皮白色的柠檬桉、白皮松、白千层。开白色花，叶有柠檬味、柑橘味的芸香料植物，如柑橘、九里香，野生的东风橘、飞龙掌血；既是赏花又是药用的白丁香、瑞香、桔梗、牛蒡子。还有南方开白色花的茉莉花、芫花，北方开白花的珍珠梅、白色紫薇、白绣球等，以建造白色小园林，有助于肺的保健。

图二十三. 白色小园林的大道景观

图二十四. 兰花草属蓝（黑）色园林材料

图二十五. 饱含水分的芦荟

图二十六. 叶子蓝色的广东松（蓝松）

图二十七. 黑紫的大丽花属黑色小园林材料

图二十八. 叶子干后会变为黑色的海南蒲桃属黑色小园林材料

蓝色小园林(又名黑色小园林)(五行属水)

蓝色小园林给予人的是冷静的蓝场环境，性格暴烈急躁、易冲动的人，经常烦躁不安、爱生闷气的人，他的办公室、写字楼及其周围环境应以浅蓝色或蓝色为主，这样有助于情绪稳定温和，能冷静地处理问题。这种环境对患心血管病的人，养生疗病尤其有效。

在植物选材应用广东松（蓝松，图二十六）、三角椰子、蓝桉、珍珠相思、灰柏、兰花楹、南洋楹、柽柳、假连翘、可爱花、勿忘我、紫罗兰、紫薇、大岩桐，药用植物宜栽大青叶、板兰根、马兰。立体绿化选用紫藤。配以香气浓郁的花卉如米兰、含笑等。

在园林布置中选用黑色系列的植物，如树叶深绿色的冬青、黑松、罗汉松、龙血树、幌伞枫、乌桕、榕、橡胶榕、龙柏、桧柏、巴西铁、南洋杉、苏铁，从国外引种的黑仔树，像黑人的黑发，很有特色，有防火功能的乌墨（海南蒲桃，图二十八）、油茶。水生植物的荷花、睡莲。药用植物，如驱风的半枫荷，补肾的杜仲，强心壮阳的玉桂、银杏，健胃的良姜和通窍益智宁神的菖蒲。藤本植物罗汉果、夜交藤（首乌）、西番莲，果树中的人心果、无花果，象征长寿的蟠桃。还有具有中国特色的盆景，如福建茶、黄杨、雀梅、五针松、满天星等缩龙成寸的艺术小品，可用陈列于古色的茶几架上，连同书画、对联、匾额，令居室环境古色古香，有益于老人的健康长寿，颐养天年。

2. 植物花香的神奇作用

有关专家经过多年研究发现，各种气味对人体情绪有明显影响，可利用气味来调节人的情绪，治疗疾病，保护人体的身心健康。在对近千人的测试中，80%的人闻到新鲜苹果、芦苇、海盐的气味时，感到很舒服。35岁以下的人闻到树脂、树花、新发酵的面、甘草和蜜的气味时，都感到心情舒畅。15岁以前的孩子对薄荷、青草的反应比较奇特，他们在这种环境中呆上几小时后，即使平时智力稍弱的孩子，做作业也变得思路清晰。多数人对鲜花反应灵敏。水仙和紫罗兰使人感情温和缠绵；茉莉、丁香能使人产生沉静轻松、无忧无虑的感觉。

曾被人们誉为国花的梅花，它的香气的主要成分是芳香性碳水化合物，含有草萜烯、倍半萜烯、月桂烯和桉叶油素等一群不饱和的碳氢化合物。梅花的幽香主要带有月桂花的甜味，根据日本学者只木良也、田山光亮、吉永撤夫等人的研究，认为萜烯类物质中，单萜类化合物对人体健康十分有益，可抗菌、抗炎、镇静、降血压、抗风湿、抗肿瘤、利尿、解毒、祛痰、促进胆汁分泌。

香味在对疾病治疗及预防保健方面的功效也是早被人们熟知的，很多香料都具有止痛、镇静和兴奋作用，比如清凉油、万金油、驱风油等类药物中都配有香料。有些病甚至只看一看香花，闻一闻花香就有效果。

目前，法国、日本、德国和前苏联等国家在一些风景宜人的疗养院相继开设了“花香医院”，治愈了许多心血管病、高血压、气管炎、哮喘、神经衰弱、失明的患者。日本的医学专家根据树木释放的含萜化合物的芳香气味可杀灭病菌的原理，建立了一些森林医院，使许多身患痼疾的病人得以康复。例如，枞树的芳香可抑制金色葡萄球菌、百日咳杆菌；尤加利树的香味可抑制流感病毒等等。森林医院的医生对症将病人安排在不同树林包围的病房中，取得了显著疗效。塔吉克斯坦国有一座奇妙的花香疗养院，病人在这里既不用服药，也无需打针，只要坐在安乐椅上，乐悠悠地嗅闻伴随轻音乐而来的“对症”的花香，就可解除病痛。如丁香花能镇静止痛，对牙痛等疾病疗效较佳，薰衣草的花香对神经性心跳有治愈效果。

其实，用香味治病和保健在我国自古代就开始了，如制成具有独特疗效的药枕，治疗高血压、失眠、神经衰弱、心悸、小儿腹泻等病。明代医药家李时珍在《本草纲目·芳香篇》中列举了多种有清热、杀菌、镇痛的香草植物。我国古代的中医和药学专家对香草植物的认识运用，应当说已经达到了相当的深度。

香味为什么可以治疗疾病和有预防保健的功能呢？这是因为植物花朵或茎叶的油细胞一经阳光照射便能分解出一种挥发性的芳香油，它散发的气味与人体鼻腔内的嗅觉细胞接触后产生一种特异功能。许多香料植物的挥发油本身就具有治病和保健的药效作用，例如松节油、薄荷油吸入人体后能刺激器官起消炎、利尿作用，薰衣草油能治疗头痛、心悸等等。其次是心理效应，神经系统指挥人体各种活动，人的精神状态如何，对治疗疾病有重要作用。美丽的鲜花，优雅的馨香，沁人心脾，令人清爽，通过人的嗅觉、视觉器官，对大脑边缘系统和网状结构产生作用，可以提高神经细胞的兴奋性，使情绪得到改善。与此同时，可以使神经体液进行相应调节，促进人体相应器官分泌出有益健康的激素及体液，释放出酶、乙酰胆碱等具有生理活性的物质，改善人体的神经系统、分泌系统等，从而达到调和全身器官功能的作用。

三、植物分布生长的指示性

指示植物是指那些生态幅狭窄、对环境的正常或异常变化作出敏感反应的植物。

1．植物的方向性

指东木——东风橘

在岭南地区的山野中如果迷了路，如见到山坡上有东风橘，你就知道这就是东坡，相反的山坡就是西坡，你左边就是南坡，你的右边就是北坡。它给人方向判别的启示。

笔者20世纪60年代在西江河边进行林业调查时，发现芸香科的东风橘，只有在东边才能见到它的踪迹，后来到了湛江、茂名进行森林公园设计时，发现也是东坡才有东风桔。1996年到粤东进行九龙峰森林公园规划时，也在东坡发现东风橘。到2002年去海南红色娘子军的故乡进行风水环境考察时，也在东坡发现东风橘的足迹，说明这不是一种偶然的巧合！东风橘是芸香科灌木，一年四季常绿，它的叶子和花都会放出芳香，它永远在东坡生长，在别的山坡就不见它的踪迹，民间把它叫东风橘，它可以做药，可以止咳化痰，五行属金；它又能吸收污浊的气体，是抗污染的良好材料。

“指南草”

如果你到广阔的内蒙古大草原旅游，那里美丽的草原景色迷住了你，你不幸迷了路，正在那儿放牧的蒙族牧民一定会告诉你："只要看'指南草'所指的方向就知道了。"

"指南草"是人们对内蒙古草原上生长的一种叫野莴苣的植物的俗称。一般来说，它的叶子基本上垂直地排列在茎的两侧，而且叶子与地面垂直，呈南北向排列。

为什么"指南草"会指南呢？

原来在草原上，草原辽阔，没有高大树木，一到夏天，骄阳烤着草原上的草，特别是中午时分，草原上更为炎热，水分蒸发也更快。在这种特定的生态环境中，野莴苣练就了一种适应环境的本领：它的叶子长成与地面垂直的方向，而且排列呈南北向。这种叶片布置的方式有两个好处：一是中午时，亦即阳光最为强烈时，可最大程度地减少阳光直射的面积，减少水分的蒸发；二是有利于吸收早晚的太阳斜射光，增强光合作用。科学家们考察发现，越是干燥的地方，其生长着的"指南草"指示的方向也越准确。其道理是显而易见的。

在非洲东海岸的马达加斯加岛上，还有一种"指南树"，它的树干上长着一排排细小的针叶，不论这种树生长在高山还是平原，那针叶总是像指南针地永远指向南方。

"指北草"

内蒙古草原除了野莴苣可以指示方向外，蒙古菊、草地麻头花等植物也能指示方向。

有趣的是，地球上不但有以上所说的会指示南北方向的植物，在非洲南部的大沙漠里还生长着一种仅指示北向的植物，人们叫它"指北草"。

"指北草"生长在赤道以南，总是接受从北面射来的阳光，花朵总是朝北生长；可它的花茎坚硬，花朵不能像向日葵的花盘那样随太阳转动，因此总是指向北面。

在草原或沙漠上旅游，如果了解了这些指示方向的植物的习性，就不会迷路了。

东风橘、指南草等植物特有的生物学特性，为我们科学工作者提供了可靠的研究依据。常言道：一方水土一方人，其实一方水土也是一方植物。

2. 广州的白兰花生长方向调查

南北排列的长势良好，东西排列的长势稀疏（图二十九）。

图二十九. 广州的白兰花生长方向

3. 指示植物监测环境污染

在自然界，许多植物对环境，尤其是对大气、水体和土壤环境的变化非常敏感，可以作为环境污染的指示植物。

剑兰的叶片对氟最敏感，空气中含氟浓度达亿万分之四十时，剑兰叶片只要3个小时左右就会出现伤斑。虽然氟浓度必须达到百万分之十才会使人受到危害，但它及时向人类警示氟在增加。番茄、棉花、桃、梅等植物也对氟反应敏感。

苹果树、紫茉莉、棉花、女贞、水杉、萱草等植物都对二氧化硫敏感。特别是生长于墙壁、石头、树干上的苔藓、地衣，空气中只要有一点二氧化硫存在，它们就会枯死。

木棉、白蝉、青苔、大红花、水石榕、假连翘等植物对氯很敏感，它们可以作为监测氯气的植物。

特别重要的是，有些植物对不同的有害气体表现出不同的受害症状。受二氧化硫危害的叶片，多数是在侧脉间的叶面上出现土黄色或暗褐色的伤斑；受氟化氢危害的叶片则是叶尖或叶缘出现浅褐色或红色坏死斑或条斑。

空气中的有毒气体是怎样使植物受到伤害的呢？整个过程与有毒物的化学性质及叶片的结构有密切的关系。以二氧化硫为例，空气中的二氧化硫通过叶片的气孔进入叶片，很快扩散到叶肉组织，它能破坏细胞的叶绿体并使组织脱水、枯死。其毒害机理是因为二氧化硫进入细胞后与水反应，形成亚硫酸和亚硫酸离子，而后又慢慢氧化为硫酸离子（前者毒性比后者大30倍）自行解毒。亚硫酸离子不断增加，当超过植物自净能力时，就破坏叶肉组织，叶片水分减少，叶绿素A/B值变小，糖类和氨基酸减少，叶片失绿，严重影响植物生长、发育，使产量降低，品质变劣。严重时细胞发生质壁分离，叶片逐渐枯焦，慢慢死亡。

4．植物帮助河堤查隐患

有一种菌叫碳棒菌，它可指示河堤中有无蚁穴。原来碳棒菌喜欢吃蚁的分泌物，有蚁洞就有它的踪迹。根据河堤碳棒菌分布量可知堤中蚁洞有多大，根据此特点作者曾帮助佛山市水利局用以科学监测河堤有无白蚁洞，以保护河堤（见图三十）。

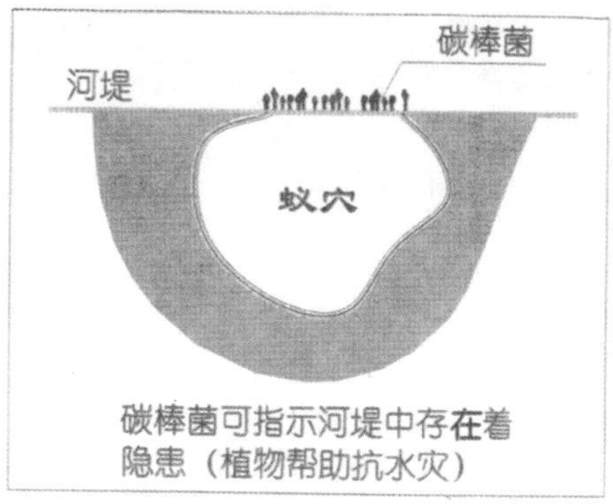

图三十

5．植物可知干旱、瘦瘠与湿润

地面上的植物地被分布有着强烈的干湿指示性。如林业工作者在被调查地发现有红裂夫草、镰刀草（图三十一）和鹧鸪草（图三十二）就可判断此地十分干旱瘦瘠，而且已废耕多年。如在山上发现都是成群落成片分布大叶子的植物，而且发现有水蔗草（图三十三）可报知此地十分湿润。苋科的青箱子（图三十四），

图三十一. 镰刀草(禾本科)

图三十二. 鹧鸪草(禾本科)

图三十三. 水蔗草(禾本科)

图三十四. 青葙子(苋科)

图三十五. 桃金娘（桃金娘科）

常长在垃圾堆上，如见到它就可以判断这是垃圾堆积地。这些植物情报为林业规划与开发提供了科学依据。

6. 植物可测报酸碱

地面上的植物地被分布有着强烈的酸碱指示性。如在被调查地发现有桃金娘（图三十五）、岗松（图三十六）和芒萁就知道这地方是酸性土，可以种植喜酸性的作物与果木，岭南佳果荔枝、龙眼就喜欢在酸性肥沃的沙壤土上生长。如在被调查地上发现有铺地蜈蚣草（图三十八）、山乌桕、山花椒就知道这地方是碱性土，宜栽种橄榄树（图三十七）、黑荆木。

图三十六. 岗松(桃金娘科)

图三十七. 橄榄树(橄榄科)

图三十八. 铺地蜈蚣(石松科)

7. 植物指示找矿

能够指示各种地下矿产的植物叫指示植物。据初步统计，指示植物至少有70多种。它们能指示的矿物有硼、钴、铜、铁、锰、硒、铀、锌、银等。所有这些指示植物都是草本植物，其中有三分之一以上是属于豆科、石竹科和唇形科，还有车前科、木贼科和堇菜科等科。

我国是最早发现矿产与草木之间的亲缘关系的国家。约1500年前，梁朝就有一本专门著作《地镜图》，论证了窥视地下之"镜"实为地上草木。可惜此书失传，只留下片言碎语。植物指示探矿的方法，中国始于战国，盛行于南北朝。《相宅全书》曰："冈生野葱，下有银丝，若生野韭，金据其中，野姜生处，厥土多铜。中埋玉石，草木不蓬。黄草白莠，下有金守，黄莠白茎，银之所有，大树忽死，或偏而枯，随枝所指，宝藏之区。草茎苍赤，短短而疏，掘下十尺，瓦石与俱。草枯而黑，下通泉脉。若有铅铜，焦萎无泽。"

有些地区的地面上生长着一种特殊的或特别茂盛的植物，表示这个地区里的土壤含有某种金属的化学成分。因为这种植物需要某种金属元素才能生长，所以它也就成了我们找矿的线索。

早在20世纪50年代初，我国地质学家谢学锦、殷维翰等就在安庆、铜陵地区铜矿废石堆和成矿接触带上，发现了一种紫红色的野花草，花开在深秋季节，学名海州香薷。早先只知有异香，可入药，殊不知它能傲风霜而挺立，百花不开它独艳的秘密是化"铜毒"为养料。它的根部含铜量最高达3%，一般也在1%左右。于是，一项新的桂冠——"铜草"崭露头角（见图三十九）。

图三十九. 指示铜矿植物——铜草(唇形花科)

"铜草"作为找矿的向导，在我国找铜矿时立下了汗马功劳。它首先成功地应用于安徽，随后，扩展到长江中下游，进而达西南地区。哪里有它的"倩影"，哪里就蕴藏着铜矿。尽管世界上现已有二三十种找铜矿的指示植物，但都没有"铜草"容易识别和灵验有效。

利用植物找矿的例子很多。在美国蒙大拿州，有经验的矿工会根据一种长势茂盛的银草找到银矿；在美国西部的科罗拉多，一种开粉红色花朵的紫云英和一种名叫"疯草"的豆科植物，作为寻找铀矿和硒矿的标志。我国南岭地区则利用堇菜科的箭叶堇来寻找铀矿；木贼科的问荆草指示找金矿；车前科的车前草可帮忙找锌矿（见图四十）。

图四十. 指示锌矿植物——车前草(女儿村村边多车前草)

植物为什么能够传递地下矿藏的信息呢？这是因为它们的根深深地扎在土壤中，并吸收土壤中的微量元素作为营养物质。而不同的植物对各种微量元素的偏爱和承受力是不同的。比如，当土壤中铜含量较高时，许多植物会因吸收过量的铜而中毒死亡；而像海州香薷一类被称为"铜草"的植物，却因为偏爱铜而在那里蓬勃生长。

图四十一. 指示铀矿植物——紫云英（豆科）

土壤中某种元素含量高，常与地下蕴藏着这类矿产有关。因为有的土壤本来就是矿石直接风化而成的，有的则是由于地下水的运动，使溶解在水中的金属成分渗透到土壤中。因此利用植物对某种金属的偏爱，便可以顺利地找到地下的矿藏。

如笔者在20世纪末到粤西规划设计森林公园，踏勘到林场的一个山坡上，发现有连片的野生穿心莲，据此植物分布的现象，预示了地下有锰铜矿。

图四十二. 指示金矿植物——问荆草(夏季)

问荆草（春季）

在勘踏规划设计王子山森林公园时，在花都梯面丹竹坑发现满山丹竹，村路屋旁有连片车前草生长，从植物分布的怪现象，发现此地是个多生女孩的女儿村，为开发一个有旅游价值的旅游点提供了规划开发的依据并写下有趣的诗："丹竹丹竹，生女纳福，红装粉黛，十有九屋，车前遍地，锌藏富足，Y精稀少、玄机暗伏……"

8.易感光植物

芹菜、竹笋、灰菜、君达菜（猪婆菜）以及苋菜等都有可能增加肌体对紫外线的吸收，这些食物元素经消化通过血液分布到表皮，使皮肤吸光"指数"增高。我们把芹菜、竹笋、灰菜及苋菜都统称为易感光植物。

进入夏天的时候，气温大幅度上升，阳光特别强烈，紫外线辐射是一年中最大的，与人的距离也缩短，因此受日照损害的病人数量不少。出外旅游，吃了芹菜、竹笋、灰菜、苋菜、君达菜（猪婆菜）和田螺，在烈日下游泳会引起晒伤或过敏性反应。

图四十三. 亮叶植物——亮叶含笑(木兰科)

9. 亮叶植物

亮叶植物，叶子会发亮，会反射光线，会把干扰波反射出去。如亮叶含笑、亮叶猴耳环、星光银榕等——为"李氏绿色兵法"***明法***用的材料（图四十三）。

图四十四. 不亮叶植物马占相思(木兰科)

10. 不亮叶植物

不亮叶植物，叶子不发亮，会吸收光线，会把干扰波吸收过来。如木麻黄、继木、台湾相思、蘋婆、马占相思（图四十四）、竹柏、桂木、罗汉松、芒果、薜荔、仙人掌、三角勒、龙骨、象牙球等——为“李氏绿色兵法”***暗法***用的材料。

11. 放香植物

放香植物，是指植物的树皮、木质部、树叶、树根和花会放出香气，有提神通窍、杀菌、防疫、驱赶昆虫和毒蛇的植物。如白千层、柠檬桉、山苍子、桂花、含笑（图四十五）、米兰、悬铃花（炮竹红）、万寿菊、独行千里（膜叶槌果藤）、华卫茅（黄脚鸡）、辣椒、马铃薯、柑橘等——为“李氏绿色兵法”***净法***的材料。

图四十五. 放香植物金叶含笑(木兰科)

图四十六. 放香植物大花五桠果(左上为其果实)(第伦桃科)

12. 藤生植物

藤生植物，如春天开花的紫藤、夏天开花的金银花、秋天开花的秋海棠、冬天开花的大花老鸦嘴等——为“李氏绿色兵法”的***垂法、飘法***的材料。它们用于垂直绿化、立体绿化。

13. 胎生植物

人的繁殖方式是胎生，植物通常是通过种子、孢子繁殖，但也有植物是用胎生繁殖后代的。如我国南方的海南、深圳、湛江及珠江三角洲沿海地区的滩涂常长有红树林的仿胎生植物，组成沿海的防护林带，保护着海岸和农田，成为特有的生态自然王国。这些胎生植物有红木榄、木榄、海榄雌（白骨壤）、草海桐等。这是“李氏绿色兵法”的***盐法、海防法***的造场布阵的材料。

图四十七. ’99昆明园艺世博会粤晖园、广东展馆中的罕客——红树林植物：

卤蕨（卤蕨科）

胎生植物木榄（红树科）

胎生植物桐花树（海相桐花科）

四、风水影响植物的分布

1. 山地海拔高低对植物分布的影响

山地海拔高低不同，植物分布明显有异，在1998年广东省林业勘测设计院与肇庆西江林业局对西江流域进行实地调查，发现林区植被状况与立地条件密切相关，主要有以下三类型。

在低海拔地带（350米以下）除上述优势植被外，出现较多的还有阔叶植物，如鸭脚木(Schefflerd octophylla)、桃金娘（Rhodomyrtus tomentosa）、粗叶榕（Ficus hirta）、三叉苦（Erodia ledia）和山乌桕（Sapium discolor）等。

在中等海拔地带（350～750米），主要的除芒萁、乌毛蕨、大芒、棕叶芦、桃金娘外，出现较多的还有七裂悬钩子（Rubus reflexus）、白茅（Imperata cylindrica）、金茅（Euallia Speciosa）、蔓生莠竹（Microstegium vagans）、珍珠茅（Scleria levis）等干性植物种类。

在较高海拔地带（750米以上）其优势种则为纤毛鸭嘴草（Lschaemum ciliare）、白牛胆（Inula cappa）、南方荚迷（Viburnum fordiae）及桃金娘。在高峰地段，还可见吊钟（Enkianthus quinqueflorus）成群落出现。

2. 土壤对植物分布的影响

土壤立地条件不同，植物分布明显有异，1998年对西江流域进行实地调查，发现林区植被因土壤状况而影响植物分布不同，主要有以下三类型。

（1）赤红壤，发育母岩分别有泥质页岩、黑色页岩和红色粉沙岩，土壤强酸性，土层多为中壤至重壤，下层为重壤至轻粘，阳离子代换量较其它土地高。植物分布多为阔叶木植物，如鸭脚木(Schefflerd octophylla)、桃金娘（Rhodomyrtus tomentosa）、粗叶榕（Ficus hirta）、三叉苦（Erodia ledia）和山乌桕（Sapium discolor）等。

图四十八. 仿胎生的红树林深圳福田红树林保护区

图四十九. 海水中的红树林胎生植物海榄雌群落

（2）山地赤红壤，土壤呈酸性，石砾含量显著增多，表现出山地土壤的粗骨性，山顶鞍部土层较厚，有机质含量增加。植物分布除芒萁、乌毛蕨、大芒、棕叶芦、桃金娘外，出现较多的还有七裂悬钩子（Rubus reflexus）、白茅（Imperata cylindrica）、金茅（Euallia Speciosa）、蔓生莠竹（Microstegium vagans）、珍珠茅（Scleria levis）等干性植物种类。

（3）山地黄壤，分布较高，土壤有机质含量丰富，全氮含量比前两种土类高。植物种类多为纤毛鸭嘴草（Lschaemum ciliare）、白牛胆（Inula cappa）、南方荚迷（Viburnum fordiae）及桃金娘。在高峰地段，还可见吊钟（Enkianthus quinqueflorus）成群落出现。

从上可见，土壤的含酸度高低、岩石的种类、地质发育的成熟度、有机质的含量、含氮量及土壤的肥沃与贫瘠等均直接影响植物的分布和结构。

第五节　对植物的最新科学发现

随着社会上人们对环境的重视，对绿色植物科学的深入探索，在原来植物学的基础上经过众多科学人员的努力，近年来对植物的生理性能特点又有了许多新的科学发现。

一、植物的生物场

植物会构成一个“天人合一”的生态环境。

从20世纪50年代开始，笔者对植物的门、纲、目、科、属、种，以至其性味归经及用途都进行研究。在从事园林设计中，发现植物之间，植物与人之间存在一种奇妙的关系，发现植物确实存在一种场——生物场，这种场与1986年前苏联科学家发现的植物与建筑都能发出一种作用于人的“超微粒子波”的物质理论不谋而合。

植物在阳光下能进行光合作用，制造有机物供人及动物需要，植物本身还释放出大量氧气，供给人类。

植物还能释放出治病物质。如桉树、薄荷、洋葱、蒜可放出抑制和杀死病原体，杀死致人感冒的病菌物质，人在这个植物场中可治好感冒。悬铃花、西红柿可赶走蚊蝇；夹竹桃可驱赶蟑螂；长春花、喜树、三尖杉可释放出抗癌的生物碱，在空气中散发，抑制癌细胞生长。

樟树气味能活血化瘀，上海有个公园的樟树由于被病人拥抱摩擦，表皮变得光滑破损，原来是被有关节炎及胃病的朋友造成的。松柏科植物枝叶气味对肺结核有防治作用；油桐“场”可降血压；竹子“场”可调脾胃，治口疮，治鼻出血；罗汉松“场”有益长寿，如体瘦、脱发、神经衰弱的人到此场中，会很有裨益。

植物所组成的生物场除了能制造治病物质以外，还可以产生维生素，作用于人的气管，供身体需要。如玉兰“场”性凉、益心肺，它发出的“场”可以化痰止咳、祛痰、安神镇静。

植物所构成的生物场，每时每刻蒸发出大量水蒸气，湿润空气，使人在干燥的空气中也能感到舒服。植物生物场还能产生大量的负离子，抑制病菌生长，调整人体功能。

二、植物也有血和血型

大家都知道，在人体的血管里流动着鲜红的血液，它将养料和氧气运送到身体的各个器官，将新陈代谢所产生的废物送到排泄器官，然后再排出体外，这样才维持了人的生命。血液有不同的类型，科学家称之为“血型”。科学家们通过研究证实，不仅人类有血型，动物也有不同的血型，例如：类人猿、猴子的血型与人类相同，也有A型、B型、AB型和O型4种血型（很多其他动物也有血型）。有趣的是，就连肉眼看不见的细菌也有血型，如伤寒杆菌、痢疾杆菌等，有A型、B型、O型3种血型。细菌的血型还可以相互转换，比如从A型或B型血，可以转换为O型血。

最使人感到惊奇的是，人们发现植物也有血型。几年前，日本警察科学研究所的法官山本茂在侦破一起凶杀案时，意外地发现了一个奇怪的现象：在现场未沾血迹的枕头上有微弱的血型反应。为了弄清这到底是怎么回事，他把枕头里装的荞麦皮进行了血型鉴定，令人吃惊的是，荞麦皮竟显示出AB血型的特征。这一出人意料的发现，引起了山本茂的浓厚兴趣。于是他对150种蔬菜、水果和食品佐料以及其他500多种植物的种子分别进行了化验，结果前者有19种植物出现了血型反应，而后者则有60种植物的种子出现了血型反应。在这79种植物中，半数血型为O型，其余的为B型和AB型。经过这些化验，他向全世界宣告：“植物也有血型。”

山本茂的这一偶然发现，引起了人们的注意，不少学者也对植物血型进行了研究和探索。现在已经知道了一些植物的血型，例如，桃叶珊瑚为A型；扶芳藤、大黄杨是B型；荞麦、李子、地棉槭以及忍冬科植物是AB型；葡萄、山茶、高雄槭为O型。更为有趣的是，人们还发现，同一种植物有不同的血型。比如，槭科植物的血型有O型和AB型，在秋天枫叶红了的时候，叶片呈红色的为O型，叶片呈黄色的为AB型。

植物没有红色的血液，也没有红细胞，为什么会有血型呢？科学家通过研究发现，植物体内有类似于人的附在红细胞表面上的血型物质，即血型糖。其中红色果实的植物中数量最多。大多数植物的种子和果实都含有血型物质，并且植物的血型物质在果实成熟的过程中，从无到有逐渐增多，到发育成熟后，血型物质便达到最高点。

对植物血型的探索，目前还只是刚刚拉开帷幕，植物体内为什么会存在血型物质、血型物质对植物本身有什么意义等还没有完全弄清楚，尚待科学家们去进一步研究和探索。随着研究工作的不断深入和发展，人们也将会揭示出植物血型在其他方面的广泛用途。

三、植物的灵性

植物在亿万年的演变过程中，主要受太阳系的天体运动、地球上的地理条件和环境气候影响，植物形成了类似生物钟的生长规律和生物场。例如：向日葵的花盘跟着太阳转；牵牛花在凌晨四时开花；山东济南历城区锦秀川乡金刚纂村的一棵老槐树能够预报次日当地的天气是晴或雨（只要其“树脐”往外流水，次日定下雨；若在阴雨天“树脐”很干燥，则次日必是晴天。据村里老人讲，从未有过失灵的记录）。

舞草产于我国华南、西南地区，在印度、缅甸、越南等国也有分布。舞草对太阳光线十分敏感，当它受到太阳光照射时，后面的两枚小叶便会像羽毛似地舞动，因此又有“鸡毛草”、“风流草”之称。

以上这些举例可以看出植物似乎同人一样，具有对客观事物的主观反映。它是有灵性的。

1. 植物也有“感情”

植物对外界刺激有各自的表达形式，人们通过仪器可分析植物的喜怒哀乐。当折断其枝叶时，该株植物会释放出表达“愤怒”的波；当在其旁奏乐时，它会释放出另一种表达“和悦”的波。

植物不但对自身的细胞组织受到伤害有反应，对在其周围的活细胞组织也会作出同样的反应。研究人员将三株植物分别联上测谎仪，放在隔离的三间房间里，再利用自动装置同时将置于植物前的海虾浸入开水中。在排除人及其它动植物的干扰下，三株植物同时记录下一种可辨识的波线图像。

2. 植物爱听美妙的音乐

优美动听的音乐能使人产生愉悦感觉，大脑皮层松弛，使内脏和躯体得到调节。令人惊奇的是，植物“听”后也能产生奇妙的作用。

图五十. 植物会听音乐，凤梨倾向音箱（见张副院长家）

多国的生物学家已经做过类似的实验：播放优美动听的音乐促进农作物增产，例如番茄、大豆等。我国的生物学家研究发现，优美的乐曲可使水稻增产25%~60%；花生和烟草的产量可提高50%左右。

但是，植物对各种音乐并不一一爱“听”，它们对带有噪声的乐曲是讨厌的。美国坦普乐大学有这样一个实验：对两葫芦分别播放摇滚乐和古典音乐。结果“听”摇滚乐的西葫芦，它们的藤蔓爬离音源，似乎表示“不爱听”，而“听”古典音乐的东葫芦，却用藤蔓去缠绕音源，似乎表示对乐曲的“喜欢”。

更令人惊奇的是，一种人耳不能分辨的超声波（每秒振动大于两万次的声波），植物也喜欢听，“听”了之后会促进种子萌发，加快生长，提高产量。美、英、法等国先后进行了超声波培植法的研究。我国的同类试验也取得可喜成果。用超声波处理小麦的种子，提高出苗率，缩短生长发育期，产量提高8%~10%。棉花经过超声波处理后，提高结桃率，并提前吐絮。类似的现象在生活中也会出现。广东省林业勘测设计院张炳祥副院长家中培养的一株凤梨，花在生长的过程中逐渐斜向音箱。剑叶凤梨一般只在温室中开花，但这株凤梨却又一次开花，原因是这株凤梨放置在一台气功治疗仪的旁边，主人每次练功时，凤梨都“听”到了气功机发出的气场波，所以再次开花。

那么，音乐和超声波等对植物为何有如此奇妙的作用呢？研究者认为，音乐波、超声波气场都是一种能量，可使植物细胞膜的透性增大，从而促进植物的生长。但是，其中真正的奥秘还有待进一步探索和研究。

3. 植物会产生紧张的“情绪”

植物和它的养植者之间似乎建立起一种特殊的联系。这种联系并不因距离远而受影响，也不因夹在人群中而受干扰。国外曾有试验：女主人乘坐飞机作多次远航，发现培养的植物在家中联接上同步示波器，对应女主人在试验期间每次飞机着陆时所产生的紧张情绪，发现该株植物都作出了明确的反应。

4. 植物也有它的“语言”

在人们的眼里，植物似乎总是默默无闻地生长，不管外界条件如何变化，它们永远无声地忍耐着。但是，到20世纪70年代，一位澳大利亚科学家发现了一个惊人的现象，那就是当植物遭到严重干旱时，会发出"咔嗒、咔嗒"的声音。后来通过进一步的测量发现，声音是由植物杆茎微小的"输水管震动"产生的。不过，当时科学家还无法解释，这声音是出于偶然，还是由于植物渴望喝水而有意发出的。如果是后者，那可就太令人惊讶了，这意味着植物也存在能表示自己意愿的特殊语言。

不久以后，英国科学家米切尔把微型话筒放在植物茎部，倾听它是否发出声音。经过长期测听，他虽然没有得到更多的证据来说明植物确实存在语言，但科学家对植物"语言"的研究仍然热情不减。

1980年，美国科学家金斯勒和他的同事在一个干旱的峡谷里装上遥感装置，用来监听植物生长时发出的电信号，结果他发现，当植物进行光合作用，将养分转化成生长的原料时，就会发出一种信号。了解这种信号是很重要的，因为只要把这些信号译出来，人类就能对农作物生长的每个阶段了如指掌。

金斯勒的研究成果公布后，引起了许多科学家的兴趣。但他们同时又怀疑，这些植物的"电信号语言"是否能真实而又完整地表达出植物各个生长阶段的情况，它是植物的"语言"吗?

1983年，美国的两位科学家宣称，能代表植物"语言"的也许不是声音或电信号，而是特殊的化学物质。因为他们在研究受到灾害袭击的树木时发现，植物会在空中传播化学物质，对周围邻近的树木传递警告信息。

上面说的种种论点似乎都有道理，但又显得证据不足。科学家罗德和日本科学家岩尾宪三为了能更彻底地了解植物发出声音的奥秘，特意设计出一台别具一格的"植物活性翻译机"。这种机器只要接上放大器和合成器，就能够直接听到植物的声音。

这两位科学家说，植物的"语言"真是很奇妙，它们的声音常常伴随周围环境的变化而变化，例如有些植物，在黑暗中突然受强光照射时能发出类似惊讶的声音；当植物遇到变天刮风或缺水时，就会发出低沉、可怕和混乱的声音，仿佛表明它们正在忍受某些痛苦。在平时，有的植物发出的声音好像口笛在悲鸣，有些却似病人临终前发出的喘息声。而且还有一些原来叫声难听的植物，当受到适宜的阳光照射或被浇过水以后，声音竟变得较为动听。

罗德和岩尾宪三充满自信地预测说，这种奇妙机器的出现，不仅在将来可以用作观测植物对环境污染的反应，以及对植物本身健康状况的诊断，而且还有可能使人类进入与植物进行"对话"的阶段。当然，这仅仅是一种美好的设想，目前还有许多科学家不承认有"植物语言"的存在，植物究竟有没有"语言"，看来只有等待今后的进一步研究才能得出答案。

5. 植物会"睡觉"

说植物也要睡大觉，你恐怕不太相信。可这是事实。

暮春，草地上有一种小草，每个叶柄上都长有三片小叶，紫色的小花开得正艳，人们把这种小草叫做"红三叶草"。当温暖的阳光照耀在它身上时，每个叶柄上的三片小叶会尽力地舒展开来，轻风之中活活泼泼地跳动。但一到傍晚，那三片小叶就闭合在一起，垂下头来，一副无精打采的样子，似乎在打瞌睡。

日当中天，公园里高大的合欢树显得精神抖擞，它那羽状的叶子在空中很潇洒地舒展着。可等到夜幕降临之时，那羽状叶便悄无声息地折合起来，睡意蒙胧，它也要睡觉了。

植物学上把像红三叶草以及合欢树叶子这种每逢晚上就闭合的现象称为植物的"睡眠运动"。其实，不仅植物的叶子要睡觉，植物的花也需要睡眠。"睡莲"，多么娇柔的名字！每当旭日东升，它那美丽的花瓣就慢慢地舒展开来，在碧叶绿水陪衬下，显得清丽妩媚。夕阳西下的时候，它便闭拢花瓣，进入了甜蜜的梦乡。

花儿的睡姿也各不相同。蒲公英的花儿睡眠时，所有的花瓣都是向上竖起来闭合的，看上去像一个黄色的鸡毛帚；而胡萝卜的花则耷拉着脑袋，像个正在打瞌睡的小老头儿。

有趣的是，有的植物好像昼夜颠倒了似的，白天睡大觉，晚上展芳容。如晚香玉的花，白天睡眠，晚上则盛开，并且香气格外浓郁，目的是为了引来蛾类替它传粉。当小菜吃的瓠子，也是靠蛾类来传粉的，因此也在夜间开花，白天睡觉。

植物的叶和花的睡眠运动当然不是一种有意识的活动。这是一种因光线的明暗、温度的高低、空气的干湿等因素的变化而引起的生物学上的反应。即便如此，这种被动的睡眠运动对植物体本身仍有许多好处。概括地讲，它具有保温、防寒、防冻等作用，所以植物的睡眠运动也不失为一种很好的自我保护措施。

6. 植物的"性爱"

如果说，海枣树、柳树和阿月混子树要么完全是雄性，要么完全是雌性的话，两性完全分离的情况在植物界要比动物界少得多。像橡树、山毛榉或玉米就同时拥有雄性的花蕊和雌性的花蕊。雌雄同花的植物，其两性特征就更加接近，更加明显，它们同时拥有雄蕊（制造花粉的雄性器官）和雌蕊（雌性器官）。然而，两种性器官的这种同处，并不意味着它们将在同一朵花中授粉或能够在同一朵花中授粉。大多数植物还是喜欢互相授粉，而且，它们会自然产生一些不同的机制来避免自我授粉，雄性和雌性植物，其性器官的成熟在时间上会有先后，这就制造了障碍，阻止花粉授给同一棵植物的花朵，化学排序的混乱会使得自我授粉无效……这样就迫使它们寻找不同一处的性伴侣。但如果它们的根不能移动，寻找性伴侣对它们来说就不是一件容易的事。至少，许多植物的雌蕊是不会移动的，而花粉却有移动的本领，有时甚至走得很远。但花粉要靠风或者水（这种情况更加少见）到达另一棵同类植物的子房，这似乎是一件难以想象的事，大部分花粉都在寻找性伴侣的道路上丢失了，但由于它们数量众多，毕竟还是有一些能如愿以偿。

许多植物不愿意把传宗接代的希望全都寄托在自然力上，而是喜欢借助动物的帮助，比如说蝙蝠和鸟类，甚至是软体动物，尤其是昆虫，它们往往借助第三者来"做爱"。为此，它们懂得如何让自己变得更漂亮一些，更有吸引力一些，有时是通过颜色，有时是通过气味，有时还奉献出自己甜甜的花蜜。它们这样做，不像动物那样是为了征服异性的同类，而是为了把动物吸引到它们身边来。这些动物将不知不觉地替它们充当运输工，搬运用来传宗接代的珍贵花粉。

有的植物并不到处献媚，而是忠于某一类动物。对于无花果树来说，只有一种吃胚胎的昆虫能够进入其果实，从而保证藏在里面的小花能够受精。更神奇的是一种叫做羊耳蒜的兰科植物，它们能摇身一变，化装成雌性的熊蜂、大胡蜂、苍蝇或蜜蜂，颜色、形状、毛被几乎都一模一样，它们有时甚至能发出同样的气味！那些受到诱惑的雄性飞虫纷纷前往交配，结果碰了个壁。但它们身上已沾满羊耳蒜的花粉，充当了传粉者！

仅依靠一种动物传粉，并不是没有风险。万一这种动物消失了，它也就失去了传宗接代的所有可能。于是，某些植物不得不自己对付，或者无需花粉，比如说凤梨、香蕉以及某些柑橘，它们没有花粉，果实不用籽就能长出来，而黑种草、风铃草、郁金香、蒲公英则借助自己雌雄同株的优势实现了自我繁殖。

7. 植物的阴阳易经观

见山竹果的印证，从果皮可窥知果肉的秘密。图上的山竹果皮有车轮印8片，打开果皮，果然有果肉8块，真灵验！（图五十一）

图五十一. 山竹果的阴阳

四、绿色植物可帮刑侦破案

植物破案（之一）太阳花破案

“花木无语可致远，植物世界有乾坤”。我在这里向朋友们讲述植物帮助破案的故事：夏日中午，某市警方在某公园东边草丛中发现一具女尸，身旁放着雨伞和一个饮料瓶。发现死尸的人是来此钓鱼的一位老大爷。

警察查尸时，发现尸体压着草地上的几株红色、白色、黄色的小花，它们名叫太阳花，又叫松叶牡丹（图五十二）。从死者的尸斑推断，死亡已有15~16个小时了。发现尸体时是下午3时，刑警推断案发时间大概是晚上11时或12时左右，认为是死者在这里服毒自杀的。一位一直从事植物学研究的易学者被他的一位刑警朋友请到现场，他反对刑警的推断：“肯定不是在这里死的，而是死在别处，这具尸体是今天早晨太阳出来之后才被移到这里的。”

图五十二. 太阳花(马齿苋科)

他是凭什么理由作出论断的呢？因为太阳花是马齿苋科的阳性花，只有在太阳光下才开花，不会晚上开花。如果受害者真的死在这里，晚上11时或12时的时间，尸体压着的太阳花根本不会开花。从而可见，植物存在着科学的“天机”，它虽不会说话，但却储存着许多密码，善解者能因此获得极大的益处。

植物破案（之二）凹叶景天帮助破案

冬日的一天，在我国某城市东部花园小区高层发生了一件凶杀案，是一位著名的电台节目主持人，被杀死在她华丽的寝室中，负责这次侦破事件的一名警员，刚好就是上次参加郊野公园破案的植物学家的一位学生。学生向他老师谈到这次破案的难点，是作案人如何进入受害者的寝室问题。

行凶者是从楼下大门进入还是爬天台进入内室呢？这两个进入寝室的方法都存在争论。但经了解楼下保安设施严密，找不出从楼下大门进入的证据，难道作案者是从天上飞入的吗？这位植物学家提议，从犯罪嫌疑人留下的运动鞋作化验，经过法医检验作案，结果出来了。检验作案嫌疑人的鞋底上有某种植物的汁液。去找这位植物学家，植物学家把他带到一间医院楼顶，指着楼顶的植物说：“这种植物名叫凹叶景天（图五十三），又叫打不死的景天科野生地被植物。这种植物生长非常粗放、耐旱，由飞鸟带来的种子，常长在瓦檐屋顶或天台上，作案者由天台爬经制冷通道进入受害者内室，脚踏了长在天台上的凹叶景天，难免鞋上带有凹叶景天液汁，这就是作案者留下的犯罪路线的最好证据。”

图五十三. 凹叶景天

这是植物帮助破案的又一个故事。

植物破案（之三） 药草本无毒，何以致人亡？金锁匙致命案

在30多年前，一位姓李的研究植物的易学者，因迷于草药和易经，被人称为“草药李”，他在林学院毕业后被分配到西江边一个城市工作。有一天，在一个叫水街的地方发生了一宗命案。事情经过是：有一个有喝凉茶经验的老奶奶到农贸市场买回一种叫金锁匙的药材给两个小孙子治喉痛，谁知服下药汤后，小的孙子口吐白沫就死了。大的不肯喝，骗老奶奶说已经喝过了，把药偷偷倒掉，避过中毒致死之险。

金锁匙是防已科木质藤本植物，又称喉痛药，它是无毒且味甘的草药，民间是作为凉茶的常用药。

人死了，家里人十分悲伤，即去报案。公安人员询问情况后，查看死者瞳孔已放大，属于神经中枢中毒致死，即把农贸市场卖药的人抓了起来。卖药的人大叫冤枉。他讲药是从鼎湖山挖回，承认药是他卖给老奶奶的，但他卖的是无毒的金锁匙，人死了与他无关!药贩的家人找来心地慈善的学者“草药李”，叫他帮忙去说情。

从尸体化验结果，法医判断是羊角扭中毒。公安人员把致命的药渣拿来鉴定，经过核实，认为这整煲的药渣都是金锁匙。“草药李”的依据是：金锁匙是防已科藤本植物，它有三大特点：一、叶是互生的；二、茎藤无皮孔；三、茎藤的横断面有菊花纹，证实药渣确是金锁匙。

致命的有毒的羊角扭（图五十四）属夹竹桃科植物，它虽然与金锁匙有相似，都是藤本植物，但它与金锁匙有三大区别：一、叶是对生；二、茎藤有明显的皮孔；三、茎藤横断面无菊花纹。(见附图)

图五十四. 李德雄　绘图

因为卖药人卖的是金锁匙，无作案动机，后来卖药人被判无罪释放。

读者们，你们中可能有些人不明白，为什么既然金锁匙无毒，为什么又会死人？又为什么卖药人无罪释放？

从我国古代易经的哲理来分析，世上万物分阴阳。毛主席也曾说过：“一阴一阳为之道。”宇宙之道分阴阳，地上为阳，地下为阴。地上的植物体的分布，我们容易掌握，而地下分布的植物体是属阴的，人们不可能一下就明白清楚。植物体在地下生长分布情况是异常复杂的，植物的根是会相互交织着，即使是根系无直接交织在一起，它们通过土壤的渗透和物质的电离作用，也会进行微妙的物质交换(如葡萄栽在松树旁无果结、水稻旁边栽豆会增产，它们存在着生克制化的易理)。金锁匙的根可以把它的液汁传递给羊角扭，同样羊角扭把有毒的物质传给无毒的金锁匙。这样就造成了将无毒性的药变成有毒性的药的根本原因。目前世界上还未有一本药典能定出确切的法规，按“草药李”本人的经验，采药时注意不要采在有毒植物附近生长的药材，以相距藤树冠覆盖地相距1~3米为宜(按植物生长特性：根与树冠长度相等，即是说根长多长，树冠也长多阔)，而且距离愈远愈有安全保障。

公安部门在现有法规未健全的情况下，把无知的药贩教育释放是合符情理的。

植物破案（之四） 辛夷花药枕破案

人有血型，分A、B、O型和AB型，这早为人们所熟知。而植物也有“血型”，有类似人类的血型，分为A、B、O型和AB型，这却是鲜为人知的。

植物有“血”，我在小学五年级的时候，用刀把鸡血藤砍伤，会流出红色的“血”，把铁海棠叶子拉断，会流出白色的“血”水，在龙血树中抽出的“血”而凝结成的“血结”，乃跌打名药。

植物有血型，是国外研究人员在一宗谋杀案的侦破中意外发现的。案件是一个少女被人杀死在床上，现场留有血迹，除被害者本人的B型外，还有两种血型：A型和O型。令人惊讶的是，在没沾上血迹的地方也出现了血型反应，是O型。难道作案者有两人？但现场指纹鉴定只有一人所为，真是扑朔迷离！为了弄清这一现象，检查人员请教植物学家特意检验了被害人所枕的枕头。原来被害人患有鼻炎，有把辛夷花（木兰科）做药枕的习惯，结果发现枕头内装的辛夷花是O型。接着，研究人员又检查了500多种高等植物，如蔬菜、水果等植物，其中有60种植物出现血型，以O型居多，如苹果、草莓、南瓜、山茶、辛夷等，都属这一血型。其次为A型、B型和AB型。按这样推断，此案排除了O型的作案嫌疑者，犯罪嫌疑人的血型应该是A型，应该是一个人作案。真相大白，这样调查的圈子缩小了，警方很快就把作案者捉拿归案。

植物为什么会有血型物质呢？专家们经研究发现了植物的“天机”，植物有体液循环，它也担负着运输养料、排出废物的任务。液体细胞膜表面也有不同分子结构的型别。当植物的糖链合成达到一定的强度时，它的尖端就会形成血型物质。植物虽然无言语，但植物与人类都是由很相似的元素组成，而且都是通过ATP的形式来利用能量。植物和人类蛋白质组成的原理完全相同，例如所含有的氨基酸一样，彼此能够通用，核酸也分DNA和RNA，连碱基的组成也一样，在传递信息和应用密码时使用同一套方式。植物血型的发现，为侦破案件作了有力的帮助，为今后植物分类和杂交繁殖开拓了新的天地。

第三章 “李氏绿色兵法”的科学易经论

第一节 植物表现的阴阳

含二进位的高科技图腾 —— 太极图

为了形象地表述阴阳学说，我国古代用一个太极图表示。古太极图，圆形，内含阳鱼和阴鱼。

由左图可以看出：

太极含有阴阳，白者为阳鱼，黑者为阴鱼。两鱼相互拥抱，说明相互对立而又相互依存的关系，也说明相互包含，相互转变，阴极生阳，阳极生阴。

阳鱼中的“黑眼睛”，表示阳中有阴，阴鱼中的“白眼睛”表示阴中有阳，这是朝对立面转化的内因。

阴阳鱼大小一致，表示在一个整体中形成了阴阳平衡。否则不是多阴少阳，便是多阳少阴。

在古人想象中，太极是一团混元之气，包含阴阳信息而阴阳并未分开，好像一颗种子，未生发时，阴阳未分，一旦发芽生长，便分为阴阳了。“是故，易有太极，是生两仪”，两仪便是太极转化的一阴一阳了。

《说文》称：“阴，暗也”；“阳，明也”。这是阴阳两字最经典的解释。我国《周易》是最早一部论述阴阳变化的书。庄子说：“《易》以道阴阳。”《易·系辞》说：“一阴一阳之谓道。”可见阴阳学说之重要了。天为阳，地为阴，天和地便是一个大阴阳。有天地之阴阳，然后才有天地之变化，有天地之变化，才能生成天地间的万物。

白兰 玫瑰 茉莉
梅花 牡丹 芍药
石榴 菊花 木棉
阳性植物
阴中阳
夜合兰花
茶花含笑
阳中阴
蜘蛛抱蛋 君子兰 大岩桐
巴西铁 万年青 龟背竹等
天南星科植物
阴性植物

植物阴阳太极图

植物阴阳歌

家里种花讲阴阳，花木受光不一样。

阴生可放阴暗位，阳生植物宜近窗。

天地万物也分阴阳，植物自不例外，也必然遵循这个恒定的法则，植物本身固分阴阳，有雄、有雌，但从生长环境说，植物有喜阳的阳性植物，有喜阴的阴性植物。对于喜阳的植物，如果把它栽在阴湿的环境，它就长不好或不开花、不结果，甚至死亡。喜阳植物有白兰、玫瑰、茉莉、梅花、牡丹、菊花、芍药、杜鹃等。这类植物在阳光下，要有1800个勒克斯光照度才能正常开花。否则，即使勤于淋水施肥，亦无济

植物与阴阳

于事。有一类中性植物，如大岩桐、仙客来等花卉，不需1800个勒克斯光照度或不用直射阳光亦能开花。阴性植物如文竹、蜘蛛抱蛋、龟背竹、万年青、绿萝、蓬莱松、巴西铁等在100个甚至几个勒克斯光照下也能正常生长，并可较长时期放置室内。此外，还有些植物属阳中阴，如含笑，有些属阴中阳，如兰花。

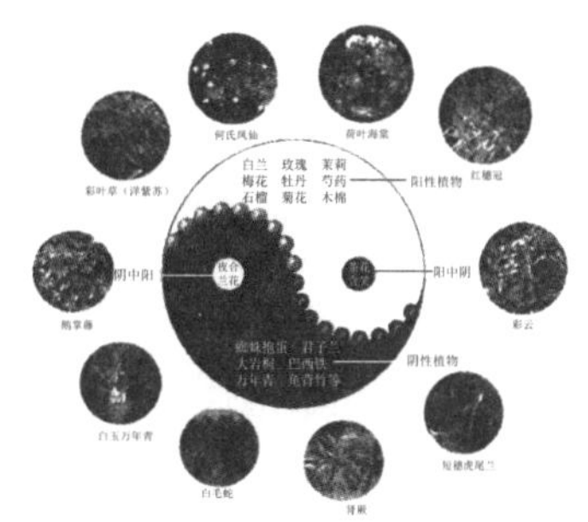

图五十五. 李氏植物太极图

常见园林绿化植物阴阳属性分类表

阳性	阴性	中性
白兰（玉兰科）Magnolia.denrdata.Dest	棕竹（棕榈科）R.excelsa(Thunb)-A.Henry	青铁（龙舌兰科）Cardyline fruticosa'Ti'
火焰木（紫葳科）Spathadea campanulate Beauv	巢蕨（铁三角蕨科）Neottopteris nidus(L.)T.smith	三药槟榔（棕榈科）A.triandra Roxb.
菩提榕（桑科）F.religiosa L.Peepul-Tree,Botree Fig	翠云草（卷柏科）Selaginella uncind Spring	买麻藤（买麻藤科）Gnetum markgr.
红果仔（桃金娘科）Eugenia unifloral	袖珍椰子（棕榈科）Chamaedora elegans(Mart.)	散尾葵（棕榈科）C,lutescens H.Wendl.
星光银榕（桑科）F.microcarpa L.f.cv.Milky	苏铁（苏铁科）Cycas Lrevoluta Thunb	黄花蟛蜞菊（菊科）Wedelia trilabata(L.)
尖叶杜英（杜英花科）Elaeocurprs sp.	泽米苏铁（苏铁科）Zamia furfuracea L.f.	无忧树（苏木科）S.dives Pierre
幌伞枫（五加科）H.tragrans(Seem Roxb)	宫粉茶（山茶科）cv.Xueta	樟（樟科）C.camphora(L)Presi
红花继木（金缕梅科）Yieh.lorofetalumr.Br.Var.rubrum.	美洲商陆（商陆科）Phytolacca dmericand L.	金边龙舌兰（龙舌兰科）A.amevicanaL.cv.' Marginata'
绿月季（蔷薇科）Rosa.Var viridiflora(Lav)Dipp	蚌花（鸭跖草科）Rhoeo discdor(L'Herit.)Hance	人心果（山榄科）A.crenata sims
异叶南洋杉（南洋杉科）A.heterophyilu(salisb)Francq	夜合（玉兰科）M.martini(lenl.)Dandy	龙船花（茜草科）I.coccinea L.
彩叶朱槿（锦葵科）H，rosa-sinensis	大叶绿萝（天南星科）E.aurerm.(lindenet.Andre)Bilnt.	美人蕉（美人蕉科）C.generalis Bailey
南洋杉（南洋杉科）A.cunninghamii sweet	吊竹梅（鸭跖草科）Zebrina pendule Schnizl.	桂花（木犀科）O.fragrans(Thunb)Low
六棱柱（仙人掌科）c.peru vianus(L)Mill	短穗鱼尾葵（棕榈科）C,mitis.lour	天料木（天料木科）Homalium austrq-chinense G.S.Fan.
黄槿（锦葵科）Hibiscus-tiliaceus L	红鸡蛋花（夹竹桃科）Verium L	阳桃（酢酱草科）Averrhoa carambola L.

（续上表）

阳性	阴性	中性
重瓣勒杜鹃（紫茉莉科） B.spectabiliswilsd.cv.'Lateritia		绣球（八仙花）（绣球科） Hydrangea macrophylla
黄素馨（木犀科） J.mesnyi Hance	金茶花（山茶科） P.rubra L	益智（姜科） Alpinia oxyphylla Mig.
吉祥草（玄参科） R.equisetiformis cham.et schlecht.	龟背竹（天南星科） C.chrysanthia-(Hu) Tuyam-a	荷花玉兰（木兰科） Magnolia giandiflora L.
金边龙舌兰（龙舌兰科） A.amevicana L.cv.'Marginata	薜荔（桑科） F.jwmila L.Climbirg Fig	九里香（芸香科） Murraya exotica L.
玉麒麟（大戟科） E.trigona Haw	小叶竹柏（罗汉松科） P.nagi(Thunb.)Zoll.et.Mor.	美丽针葵（棕榈科） P.roebelenii O'Brien.
柳叶洒金榕（大戟科） C.cv.Graciosrm'	花叶艳山姜 A.zerumbet(Pers.)Burttet S	玉堂春（木兰科） Magnolia giandiflora L.

第二节 植物的五行属性

植物与五行相生相克图

金—白杨、白玉兰
木—松、樟
水—荷花、木荷
火—木棉、石榴
土—金桂花、黄槐

植物五行歌

花木选放讲五行，东西南北定向分。
属木益肝宜东位，属火置南健身心。
属土养胃中央放，白花放西性属金。
属金植物能疗肺，吸烟之人肺常新。
属水摆北生势旺，花蓝叶黑能补肾。
若然布阵错了位，花木败衰难旺人。

五行指的是金、木、水、火、土。古人在生活和劳动过程中逐渐形成了五行的概念。《尚书》说：“水、火者，百姓之所饮食也；金、木者，百姓之所兴作也；土者，万物之所滋生也，是为人用。”**《尚书·洪范》说：“水曰润下，火曰炎上，木曰曲直，金曰从革，土曰稼墙。”**水具有寒润、下行的性质，火具有炎热上升的性质，木具有曲直、柔韧、生长的性质，金具有肃降、刚劲的性质，土具有像庄稼那样的生长、运化、受纳的性质。故此，凡其他与之相似性质的物质便可归属于金、木、水、火、土五大系统中。

从大系统来讲，自然界的一切花木均属五行之木，它又分阴木与阳木，也就是花木有阴阳。但众多的花木可以根据其五类颜色，五种生长时间（春、夏、秋、冬、长夏），五方位置（东、西、南、北、中），五种性味（酸、甘、苦、辛、咸），植物花叶与树皮的颜色、叶的形状，开花结果的时间，以及它们的生物场发出的“气”感不同，分别纳入五行之中。参看下面植物五行分类表。

五行归类简表

	五行	木	火	土	金	水
自然方面	八卦方位	震巽	离	坤艮	乾兑	坎
	五时	春	夏	长夏	秋	冬
	五位	东	南	中央	西	北
	五色	绿（青）	红（赤）	黄	白	黑（紫）
	五味	酸	苦	甘	辛	咸
	五气	风	暑	湿	燥	寒
	五木	松	红铁树	含笑	白菊	罗汉松
人体方面	七情	怒	喜	忧思	悲	惊恐
	五官	目	舌	唇	鼻	耳
	五声	呼	笑	歌	哭	呻
	五律	泪	汗	涎	涕	唾
	六字	嘘	呵（心）嘻（三焦）	呼	吸	吹
	五脏	肝	心	脾	肺	肾
	六腑	胆	小肠（三焦）	胃	大肠	膀胱
	五华	爪	面	唇	皮毛	发

植物五行、方位及气场与人脏腑关系表

属性	方位	色	植物的名称	气场与人脏腑
金	西北	白	柠檬桉、美叶桉（带火）、白千层、九里香、瑞香(带水)、水仙花、荷花玉兰、乐昌含笑、银桂、白丁香、夜来香、玉棠春、水石榕、鹰爪（带水）、尖叶杜英、狗牙花、白蝉、银杏、白菊、吊兰、茉莉花、白杨(带木)、法国梧桐、白兰、银边万年青（百合科）、空气草。	益肺 大肠 皮毛
木	东 东南	青	雪松、南洋杉、柳杉(带水)、樟、猴子杉、阴香、金钱榕、人面子(带水)、松、杉、柏、橡胶榕(带水)、石松、冬青(带水)、吊瓜木、草、桃花心木、巴西铁、山指甲(带金)、黄杨、兰、富贵竹、龙眼、木菠萝、葫芦茶。	益肝胆爪
水	北	黑	美丽针葵、三药槟榔(带土)、重阳木、榕、龙柏、女贞、人心果、福建茶(带金)、竹柏、罗汉松、睡莲、幌伞枫、海南蒲桃(带木)、荷、睡莲、鱼尾葵、朱顶兰(带火)、大王椰子、君子兰(带火)、苏铁、棕竹(带木)、红苞木、美人蕉(带火)、大花鸭跖草、大多数棕榈科植物。	益肾 发 膀胱
火	南	红	荔枝、龙血树、丹桂、樱花、木棉、凤凰木、肖黄栌、红桑、红铁、火石榴、刺桐、大红花、红宝巾藤、火焰木、红花天料木(水)、红梨、梅、桃花、蚌花、红杏、火棘、红菊、紫藤、红花洋紫荆、红紫薇、红铁。	益心 脸 小肠(三焦)
土	中 东北 西南	黄	董棕、无忧树、鸡蛋花、黄槐、黄槿、腊肠树、铁刀木、五桠果、枕果榕(带水)、金桂、含笑、黄菊、萱草、南天竺(带火)、佛肚竹、龙爪槐、散尾葵、黄素馨、洒金榕、花叶连翘、米兰、黄蝉、金心吊兰(带水)、黄金间碧玉竹、黑夹槐(带土)。	益脾胃 唇

（续上表）

有毒的植物	指对人体会产生不良反应的植物，如曼陀罗、漆树、木芋头(尖尾枫)、狼毒(滴水观音)、闹羊花、见血封喉、羊角扭、马钱科植物、夹竹桃、勒海棠(虎刺)、龙骨、大叶巴豆、红背桂、凤仙花、一品红。其中有接触过敏的，如漆树、见血封喉(毒箭木)、内服会致命的羊角扭、大茶药；会促癌的有勒海棠、龙骨、凤仙花等，还有一些它的气场对人不利(如夹竹桃对孕妇会有不良反应)。这些有毒植物往往因它们有抗污染能力而被人们种植和作居室绿化材料。
防火植物	杨梅、海南蒲桃、荷木、大头茶、油茶、珊瑚树、苏铁等，五行属水等植物，可用于防火林带的材料。

“立体图画”——盆景植物材料的阴阳五行

植物名录

编号	品种名	别名	学名	科名	属性	五行
1	翠云草 龙须	绿绒草	Selaginella uncinara	卷柏科 Selaginellaceae	阴	木
2	苏铁	铁树	cycas revolute	苏铁科 cycadaceae	阳	水
3	银杏	白果 公孙树	Ginkgo biloba	银杏科 podocarpaceae	阳	木 金
4	罗汉松	土杉	Podocarpus macrophylla	罗汉松科 Podocarpaceae	阳中阴	水
5	小叶罗汉松	短叶土杉	Podocarpus macrophylla var.maki.	罗汉松科 Podocarpaceae	阳中阴	水
6	华山松	五须松 果松	Pinus armandi Pinaceae	松科 Pinaceae	阳	木
7	马尾松	青松	Pinus massoniana Pinaceae	松科 Pinaceae	阳	木
8	台湾松	黄山松 台湾油松	Pinus taiwanensis Pinaceae	松科 Pinaceae	阳	水
9	黑松	日本黑松	Pinus thunbergii	松科 Pinaceae	阳	水
10	锦松		Pinus aspera	松科 Pinaceae	阳	木
11	白皮松		Pinus bungeana	松科 Pinaceae	阳	金
12	五钗松		Pinus parviflora	松科 Pinaceae	阳	木
13	杉木	日本五须松杉	Cunninghamia lanceolata	杉科 Taxodiaceae	阳	木

（续上表）

编号	品种名	别名	学名	科名	属性	五行
14	水松		Glyptostrobus pensilis	杉 科 Taxodiaceae	阳	水
15	柳杉	日本柳杉	Cryptomeria japonica	杉 科 Taxodiaceae	阳	木
16	水杉		Metasequoia glyptostroboides	杉 科 Taxodiaceae	阳	水
17	落羽杉		Taxodium distichum	杉 科 Taxodiaceae	阳	水
18	翠柏		Juniperus squamata	柏 科 Cupressaceae	阳	木
19	桧	针松、圆柏、刺柏	Juniperus chinensis	柏 科 Cupressaceae	阳	木
20	塔柏		Juniperus chinensis var. Pyramidalis	柏 科 Cupressaceae	阳	木
21	欧洲刺柏	璎珞柏	Juniperus communis	柏 科 Cupressaceae	阳	木
22	龙柏		Juniperus chinensis var. Kaizuca	柏 科 Cupressaceae	阳	水
23	真柏		Juniperus chinensis var. Sargentii	柏 科 Cupressaceae	阳	木
24	黄真柏		Juniperus chinensis var. AureaCupressaceae	柏 科 Cupressaceae	阳	土
25	偃柏		Juniperus chinensis var. Sargentii	柏 科 Cupressaceae	阳	木
26	珠柏		Juniperus sp. Cupressaceae	柏 科 Cupressaceae	阳	木
27	云柏		Juniperus sp. Cupressaceae	柏 科 Cupressaceae	阳	木
28	柏木	垂柏	Cupressus funebris Cupressaceae	柏 科 Cupressaceae	阳	木
29	日本花柏	五彩松	Chamaecyparis pisifera Filifera	柏 科 Cupressaceae	阳	土
30	线柏	云松	Chamaecyparis pisifera Filifera	柏 科 Cupressaceae	阳	木
31	中国粗榧	粗榧	Cephalotaxrs sinensis	粗榧科（三尖杉科）Cephalotaxaceae	阳	水

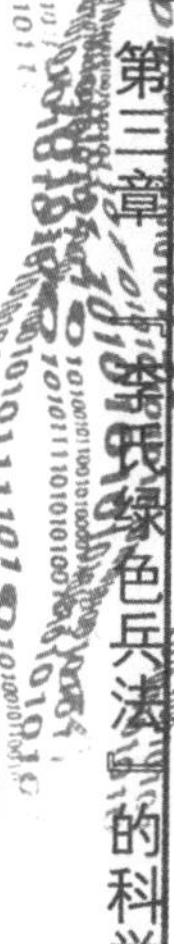

（续上表）

编号	品种名	别名	学名	科名	属性	五行
32	紫杉	东北红豆杉	Taxus cuspidata	紫杉科（红豆杉科）Taxaceae	阳	水
33	南天竹		Nandina domestica thunb	小蘖科 Berberidaceae	阳	木火土
34	紫花小蘖		Berberis thunbergii var. Atropurpurea	小蘖科 Berberidaceae	阳	土火
35	红紫薇		Lagerstroemia indica	千屈菜科 Lythraceae	阳	火
36	火石榴	安石榴	Punica guanatum punicaceae	安石榴科 punicaceae	阳	火
37	四季石榴	重瓣月季石榴	Punica guanatum punicaceae	安石榴科 punicaceae	阳	火
38	重瓣红花石榴	火石榴	Punica guanatum var. Pleniflora	安石榴科 punicaceae	阳	火
39	簕杜鹃	宝巾 三角花	Bougainvillea glabra	紫茉莉科 Nyctaginacea	阳	火
40	红花簕杜鹃	砖红宝巾	Bougainvillea glabra	紫茉莉科 Nyctaginaceae	阳	火
41		西湖柳、观音柳、三春柳	Tamarix chinensi	柽柳科 Tamaricaceae	阳	木
42	山茶		Camellia japonica	茶 科 theaceae	阳	水
43	茶梅		Camellia sasanqua	茶 科 theaceae	阳	水（带火）
44	桃金娘	山捻	Rhodomyrtus tomentosa	桃金娘科 Myrtaceae	阳	火
45	岗松		Baeckea frutescens	桃金娘科 Myrtaceae	阳	木
46	毕当茄	红果子	Eugenia uniflora	金丝桃科 Myrtaceae	阳	火
47	黄牛木	藤黄子	Craroxyln ligustrinum	桃金娘科 Hypericaceae	阳	土
48	木棉		Gossompimus malabarica	木棉科 Bombacaceae	阳	火
49	铁海棠	海棠	Euphorbia milii	大戟科 Euphorbiaceae	阳	火 有毒

（续上表）

编号	品种名	别名	学名	科名	属性	五行
50	毡毛子	子木	Cotomeaster pannosa	蔷薇科 Rosaceae	阳	火
51	救军粮 火把果	火棘	Phracantha fortuneana	蔷薇科 Rosaceae	阳	火
52	野山楂		Craraegus cuneata	蔷薇科 Rosaceae	阳	金
53	车轮梅	春花	Rhaphiolepis indica	蔷薇科 Rosaceae	阳	火
54	木梨	棠梨	Pyrus serrulata	蔷薇科 Rosaceae	阳	金
55	沙梨		Pyrus pyrifolia	蔷薇科 Rosaceae	阳	金
56	西府海棠		Malus micromalus	蔷薇科 Rosaceae	阳	金火
57	垂丝海棠		Malus halliana	蔷薇科 Rosaceae	阳	金火
58	海棠花	花海棠	Malus spectabilis	蔷薇科 Rosaceae	阳	金火
59	毛叶木瓜	木桃	Chaenomeles cathayensis	蔷薇科 Rosaceae	阳	金
60	贴梗海棠		Chaenomeles lagenaria	蔷薇科 Rosaceae	阳	火
61	缫丝花		Rosa roxburghii	蔷薇科 Rosaceae	阳	火
62	红花桃	绯桃	Prunus persica var. Magnifica	蔷薇科 Rosaceae	阳	火
63	桃		Prunus persica	蔷薇科 Rosaceae	阳	火
64	白碧桃		Prunrs persica var. albo-plena	蔷薇科 Rosaceae	阳	金
65	蟠桃		Prunus persica var. Compressa	蔷薇科 Rosaceae	阳	火
66	寿星桃		Prunus persica var. Densa	蔷薇科 Rosaceae	阳	火
67	榆叶梅		Prunrs triloba	蔷薇科 Rosaceae	阳	金
68	白梅		Prunus mume var.alba	蔷薇科 Rosaceae	阳	金

（续上表）

编号	品种名	别名	学名	科名	属性	五行
69	红花梅		Prunus mume var. alphandii Rehd.	蔷薇科 Rosaceae	阳	火
70	紫梅		Prunus mume var. purpurea	蔷薇科 Rosaceae	阳	火
71	粉红梅	宫粉梅		蔷薇科 Rosaceae	阳	火
72	杏梅			蔷薇科 Rosaceae	阳	金
73	郁李		Prunus japonica	蔷薇科 Rosaceae	阳	金
74	重瓣郁李		Prunus japonica Prunus mume(Sieb.)var.	蔷薇科 Rosaceae	阳	金
75	绿萼梅		Chimonanthus praecox	蔷薇科 Rosaceae	阳	木
76	腊梅		Cassia surattensis	腊梅科 Calycanthaceae	阳	土
77	黄槐		Erythrophleum fordii	苏木科 Caesalpiniaceae	阳	土
78	格木		Caragana sinica	苏木科 Caesalpiniaceae	阳	土
79	锦鸡儿	金雀	Millettia reticulata	蝶形花科 Papilionaceae	阳	火
80	鸡血藤		Wistaria sinensis	蝶形花科 Papilionaceae	阳	火
81	紫藤		Wiestria floribunda var. Alba	蝶形花科 Papilionaceae	阳	火
82	白花多花紫藤		Loropetalum chinense	蝶形花科 Papilionaceae	阳	金
83	继木	山银花	Liquidambar formouana	金缕梅科 Hamamelidaceae	阳	金
84	枫香树		Buxus harlandii	金缕梅科 Hamamelidaceae	阳	火
85	雀舌黄杨	细叶黄杨 锦熟黄杨	Buxus microphylla var. sinica	黄杨科 Buxaceae	阳	木
86	华黄杨	瓜子黄杨	Casuarinas equiseifolia	黄杨科 Buxaceae	阳	木
87	木麻黄			木麻黄科 Casuarinaceae	阳	木

（续上表）

编号	品种名	别名	学名	科名	属性	五行
88	榔榆		Ulmus parvifolia	榆树科 Uimaceae	阳	木
89	扑(树)		Celtis sinensis	榆树科 Uimaceae	阳	木
90	桑		Morus alba	桑 科 Moraceae	阳	木
91	榕	细叶榕	Ficus retusa	桑 科 Moraceae	阳	木
92	黄葛树	大叶榕	Ficus lacor	桑 科 Moraceae	阳	木
93	构骨		Ilex cornuta	冬青科 Aquifoliaceae	阳	水
94	爬卫矛	扶芳藤	Euonymus fortunei	榆茅科 Celastraceae	阳	木
95	明开夜合(白杜)	丝棉木	Euonymus bungeana	卫矛科 Celastraceae	阳	金
96	卫矛	鬼见愁	Euonymus alata	卫矛科 Celastraceae	阳	木
97	鸡爪枫	银木 红枫	Acer palmatum	槭树科 Aceraceae	阳	火
98	三角枫		Acer buergerianum	槭树科 Aceraceae	阳	火
99	雀梅藤	酸味	Sageretia theezans	鼠李科 Rbamnaceae	阳	木
100	胡颓子	羊奶子	Elaeagnus pungens	胡颓子科 Elaeagnaceae	阳	金
101	木半夏		Elaeagnus multiflora	胡颓子科 Elaeagnaceae	阳	金
102	爬墙虎		Parthenocissus himalayana	葡萄科 Vitaceae	阳	木
103	两面针	入地金牛	Zanthoxylum nitidum	芸香科 Rutaceae	阳	土
104	九里香		Murraya paniculala	芸香科 Rutaceae	阳	金
105	金柑		Fortunella margarita	芸香科 Rutaceae	阳	金
106	山橘		Fortunella hindsii	芸香科 Rutaceae	阳	金

（续上表）

编号	品种名	别名	学名	科名	属性	五行
107	佛手		Citrus medica var. Sarcodactylis	芸香科 Rutaceae	阳	金
108	橙		Citrus sinensis	芸香科 Rutaceae	阳	金
109	柚		Citrus grandis-grandis	芸香科 Rutaceae	阳	金
110	朱砂橘		Citrus reticulata	芸香科 Rutaceae	阳	金带火
111	四季橘		Citrus mitis	芸香科 Rutaceae	阳	金
112	金弹		Fortunella obovata	芸香科 Rutaceae	阳	金
113	米仔兰		Aglaia odorata	楝科 Meliaceae	阳阴	土
114	石菖蒲		Acorus gramineus	天南星科 Araceae	阴	水
115	菖蒲			天南星科 Araceae	阴	水
116	常春藤	日本常春藤	Hedera(rhombea)japonica	五加科 Araliaceae	阴阳	木
117	羽叶南洋森		Polyscias fruticosa var. plumataAraliaceae	五加科 Araliaceae	阴阳	木
118	踯躅	黄杜鹃	Rhododendron molle Ericaceae	杜鹃花科	阳	土
119	杜鹃	映山红	Rhododendron simsii Ericaceae	杜鹃花科	阳	火
120	柿		Diospros kaki Ebenaceae	柿树科	阳	金
121	瓶兰花	金弹子	Diospyros armata Ebenaceae	柿树科	阳	木
122	朱砂根		Ardisia crenata Myrsinaceae	紫金牛	阳	火
123	连翘		Forsythia suspense Oleaceae	木犀科 Oleaceae	阳	土
124	木樨	桂花	Osmanthus fragrans Oleaceae	木犀科 Oleaceae	阳中阴中	土
125	丹桂	金桂	Osmanthus fragrans var. auranticus	木犀科 Oleaceae	阳中阴中	火

（续上表）

编号	品种名	别名	学名	科名	属性	五行
126	银桂		Osmanthus fragrans var. latiflius Oleaceae	木犀科 Oleaceae	阳中阴	金
127	女贞		Ligustrum lucidum Oleaceae	木犀科 Oleaceae	阳	木
128	探春花		Jasminum floridum Oleaceae	木犀科 Oleaceae	阳	土
129	迎春		Jasminum mudifloruum Oleaceae	木犀科 Oleaceae	阳	土
130	素芳花	耶悉茗	Jasminum officinale Oleaceae	木犀科 Oleaceae	阳	木
131	茉莉		Jasminum sambac Oleaceae	木犀科 Oleaceae	阳	金
132	络石		Trachelospermum jasminoi des	夹竹桃科 Apocynaceae	阳中阴	金
133	山石榴		Randia spinosa Rubiaceae	茜草科	阳中阴	金
134	栀子		Gardenia jasminoides Rubiaceae	茜草科	阳中阴	金
135	雀蝉	金边蝉雀	Gardenia jasminoides var. Pavetta honkongensis	茜草科	阳中阴	金
136	巴弗他树		Rubiaceae Damnacanthus indicus	茜草科	阳	火
137	虎刺		Rubiaceae Serissa serissoides	茜草科	阳	木
138	白马骨	满天星	Rubiaceae Serissa foetida var.	茜草科	阳	金
139	重瓣六月雪		PlenifloraRubiaceae Lonicera japonica	茜草科	阳	金
140	忍冬	金银花	Rubiaceae Carmena microbhylla	茜草科	阳	土带金
141	福建茶	基及树	Boraginaceae Lycium chinense	紫草科	阳	金带水
142	枸杞		Solanaceae Campsisgrandiflora	茄科	阳	火
143	凌霄花		Bignoniaceae Vitex negundo	紫葳科	阳	土带火
144	黄荆	牡荆	Verbenaceae	马鞭草科	阳	木

（续上表）

编号	品种名	别名	学名	科名	属性	五行
145	芭蕉		Musa basjoo	芭蕉科 Musaceae	阳	水
146	文竹		Asparagus plumosus	百合科 Liliaceae	阳	木
147	水仙	多花水仙	Narcissus tazetta	石蒜科 Amaryllidaceae	阳	金
148	青皮木	香芙木、羊脆骨、柿花叶	Schoepfia jasminodora	青皮木科 Olacaceae	阳	木
149	棕竹		Rhapis excelsa	棕榈科 Calmae	阳中阴	水
150	金竹		Phyllostachys sulphurea	禾本科 Calmae	阳	土
151	黄金间碧玉竹	青丝金竹	Phyllostachys bambusoides var. castilloni	禾本科 Gramineae	阳	土带木
152	碧玉间黄金竹		Phyllostachys bambusoides var. castilloni	禾本科 Gramineae	阳	土带土
153	伞柄竹	苦竹	Pleioblastus amarus	禾本科 Gramineae	阳	木
154	观音竹		Bambusa mutiplex	禾本科 Gramineae	阳	木
155	凤尾竹	凤凰竹	Bambusa multiplex var. mama	禾本科 Gramineae	阳	木
156	佛肚竹		Bambusa ventricosa	禾本科 Gramineae	阳	土带木
157	方竹		Chimonobambusa quadrangularis	禾本科 Gramineae	阳	木
158	淡竹		Phyllostachys nigra var. henonis	禾本科 Gramineae	阳	木
159	紫竹		Phyllostachys nigra	禾本科 Gramineae	阳	水

（注：以上图表材料由广州盆景专家刘仲明先生供稿，笔者作五行属性分类）

结合五行分类简表，以下谈谈**植物五行**妙用。

植物能与五行相配，服从五行规律，亦与人的五行相对应。利用人与植物的五行对应关系，可治疗许多疾病。

如调节人的**肾部**，可栽五行中属“**水**”的**墨绿色**的植物，如配叶子乌黑的海南蒲桃、竹柏、凉粉草、旱莲草等。**调治心病**，则选用五行中属“**火**”的**红色系列**的植物，如花或叶带红色的木棉、火石榴、象牙红、红桑、红背桂等。**调治肺部**的植物，应是五行中属于“**金**”的**白色系列**的植物，如树木白、开白花或叶子白色的植物：翻白叶树、白千层、柠檬桉、九里香、白兰、冷水花等。**调治肝部**，选用五行中属“**木**”的**绿色系列**的植物，如松、柏、樟、绿月季花、鸡骨草等。**调治脾胃**，且能刺激食欲的植物，应选五行中属“**土**”的**黄色系列**的植物，如凌霄花、黄素馨、黄金间碧竹、鸡蛋花等。调治忧烦、使人心境宁静的生物场、环境场应以香花为主，如兰花、米兰、含笑、九里香等香花植物，可达到中医的“**芳香能通窍养心、怡神**”的目的。

第三节　植物的相生相克

植物生克歌

自然生物有竞争，弱肉强食生克分。蜜糖与葱有相克，狗肉绿豆食死人。
葡萄栽在柏树下，永不结果断传根（图五十六）。葡萄若栽榆树下，结果入口酸透心。
香葱豆角结同心，种在一起如得金。蓖麻种近包心菜，凶狠害虫不敢临。
香蕉雪梨是冤家，乙烯轻易催熟它。铃兰水仙是冤家，种在一起不开花。
水稻要想得丰收，田基埂上播蚕豆（图五十七）。红烟间种苹果边，苹果只有半收成。
檀香伴种犀榄边，互依互靠得安眠。水稻最忌竹树近，竹根食瘦水稻田。

葡萄（右）栽在柏树（左）旁多年不结果，皆因它俩相克。拍于粤北石人嶂黄宅。

蚕豆栽在水稻田边，水稻（已收割），水稻、蚕豆都丰收。拍于五华田心村。

在人群中，有些人相处很友善，亲如兄弟，情同手足；有些人则很难相处，磕磕碰碰，矛盾重重，甚至兵刃相见，互相残害。其实这种现象在生物圈里广泛存在，人类有，动物世界有，植物世界也还是有。

世间万物本身都有其属性，而其属性各不相同。早在《**黄帝内经**》问世以前，我们的先哲就将万物本身固有的各不相同的属性归纳于五行八卦之中。这样就能清晰而准确地将万物各不相同的特性按其阴阳五行的性质归纳在八卦这个大系统里。笔者应用这原理，观察到油茶只有在坤、巽位才长得好，杉在乾、坎位才产量高，松在离、震位生长朝气蓬勃。易学中的生克理论，亦在植物中得到体现。

植物间存在相克、相互制约的关系。人与植物之间也存在如此关系。例如黄瓜忌花生(吃则泻肚不止，用藿香正气丸解之)；梨子忌热茶(食之大泻，用樟树煮水服解之)；香蕉忌芋头等。葡萄栽在松柏旁，不会结果，栽在榆树旁，即使结果，亦是酸溜溜的；芋头不能与甘蔗种在一起，否则两败俱伤；卷心菜与芥菜是“冤家”；水仙与铃兰为邻会“同归于尽”；甘蓝和芹菜间种，两者都会生长不好，甚至死亡；矢车菊和雏菊在一起会叶片枯萎，花容憔悴；马铃薯和茴香、冬油菜和豌豆、芹菜和菜豆、韭菜和莴苣等不能和睦相处。这是怎么回事呢？原来很多植物会从体内分泌出一种气体或者液体，如各种挥发油、有机酸等，他们能抑制其他植物的生长。当然，有的恐怕有更复杂的原因，有待进一步研究。

红萝卜和马蹄是好朋友，它们能“和睦相处”，是广东人常用的汤料。农民在豆角地套种黄豆、姜、葱、蒜而各得其所，都长得很好。南方有在水田边栽种绿豆的习惯，为的是让水稻、绿豆互益。杉木与毛叶荠竹共生，玉米和大豆一起种植，大豆会把根瘤菌生产的氮肥无私地供给玉米，而玉米的根部会分泌出糖类，为大豆根瘤菌提供养料。这样它们都会长得茎粗叶茂，硕果累累。同样，大麦和马铃薯是好朋友，它们所需要的养料不一样，不会相互争夺，却会相互促进。大蒜和棉花也是好邻居，棉花发达的根系可以疏松土壤，促进大蒜鳞茎的发育，大蒜则分泌出挥发性很强的杀菌素，可以驱逐棉蚜虫。

植物与环境（方位五行）有相生相克关系。东风橘严守震位，只有在东坡才能找到它。东晋大诗人陶渊明有诗曰：**“榆柳荫后檐，桃李罗堂前”**，说明榆柳栽屋后是生位，桃李栽屋后是死位。又古语有曰：**“中庭种树主分张，门庭种枣喜嘉祥”**，是吉相。庭园正中空地不宜栽树木，否则对主人不利，有祸害、凶相。**“东边龙眼，西边荔枝”**，说是荔枝喜爱西晒阳光，故有**“一个荔枝三把火”**之说。**“向阳石榴红似火，背阳李子酸透心”**。**“白兰屋前种，花香花又多”**，**“白兰种屋后，阴风吹不香”**等等，说明植物与五行方位有相生相克的关系。植物与环境之间、植物与人之间及植物之间生存合理，才能形成一个协调、和谐、吉祥、顺利的生物场。

以毒攻毒（克毒法）

田野菟丝子对付“植物杀手——薇甘菊”

20世纪80年代末，原产于中南美洲的薇甘菊作为护滩植物被引种入深圳，如今已泛滥成灾。目前，深圳市受薇甘菊危害的林地面积已达4万多亩，对广东深圳福田内伶仃岛国家级自然保护区造成的破坏最大，4000多亩受害森林已奄奄一息。华南地区的气候条件很适合薇甘菊的生长。每年的1~2月发芽，初秋开花，从花蕾到果实成熟只需半个月左右。种子量非常大，一株就有几千粒，随风散播的能力比蒲公英还强，在温暖潮湿的气候条件下，更是迅速繁衍。薇甘菊与飞机草、豕草、大米草、紫茎泽兰、凤眼兰(水葫芦)等都是从国外入侵我国的大毒草。别看它矮小单薄，它可是“植物杀手”。薇甘菊具有喜阳性，一生根就想攀着大树向上爬，爬到顶上迅速蔓延，以吸收更多阳光，被其覆盖的植物则因长期缺少日照而枯萎。薇甘菊还会分泌一种有毒的分泌物（科学家叫做**"他感"物质**），并通过根系渗入泥土，对其他植物产生抑制作用。

杀灭薇甘菊在世界上尚属科研难题，暂时还没有彻底解决的办法。在80年代末和90年代初，我试用对付寄生藤（危害果树的寄生藤本植物）的办法，就是用龙胆紫（紫药水溶液），用马尿，用死蛇挂树等方法，都不能有效地从根本上解决问题。在福田红树林保护区和在东莞等地我试用过以阴制阳以毒攻毒的方法，就是生物防治的方法：在薇甘菊的周围撒播菟丝子，让菟丝子的藤缠着薇甘菊，试验效果很好，后来因工作调动此实验就停止了，目前，中山大学生命科学院正与广东省林科院等部门联手对薇甘菊的防治进行攻关。他们认为最见效的办法，是在薇甘菊的周围种植寄生草"田野菟丝子"，"以毒攻毒"，控制薇甘菊的危害。

植物杀手——薇甘菊

菟丝子与荔枝相克，是荔枝的克星，但身份置换，用它来对付薇甘菊，可化害为利。田野菟丝子在广东有广泛分布，外观呈线形黄色。在薇甘菊周围种植田野菟丝子，其幼苗会牢牢地缠绕薇甘菊枝茎，深入薇甘菊表皮吸走其水分和营养，最终导致薇甘菊死亡。有关方面曾经在内伶仃岛自然保护区多次试验，发现种植了田野菟丝子的样地，基本控制了薇甘菊的蔓延与危害，奄奄一息的植物又重新恢复了生机。

以上生物防治生物的方法，体现了易经的物质生克制化之理，说明植物之间有相生有相克，应用到生产上将造福于人类。

第四节　植物的八卦空间定位

一、八卦的种类

《易·系辞传》说："是故易有太极，是生两仪，两仪生四象，四象生八卦。"太极，是指宇宙的整体，天地未分，阴阳未判的一元之气。孔颖达说："太极谓天地未分之前，元气混而为一。"两仪为一阴一阳，表示天地已分，阳为天，阴为地。用符号"——"表示阳，符号"— —"表示阴。两仪的奇、偶符号便成了八卦的第一爻。《尔雅》："仪，匹

也。谓其阴阳相并也。”虞翻：“四象，四时也。”由于天地阴阳的运转变化，又产生了春夏秋冬四时。在第一爻上又重复一奇一偶，便得出了八卦的第二爻。⚎是少阳，象征春；⚌是太阳，象征夏；⚍是少阴，象征秋；⚏是太阴，象征冬。

八卦，表示天地在四时运行之后，世界形成了八类物质系统 即天、地、雷、风、水、火、山、泽。即乾☰、兑☱、离☲ 、震☳、巽☴、坎☵、艮☶、坤☷。如果将八卦再重之，便成为六十四卦，每卦则为六爻。为了记忆卦符，有下述歌诀：

乾三连，坤六断，震仰盂，艮覆碗，离中虚，坎中满，兑上缺，巽下断。

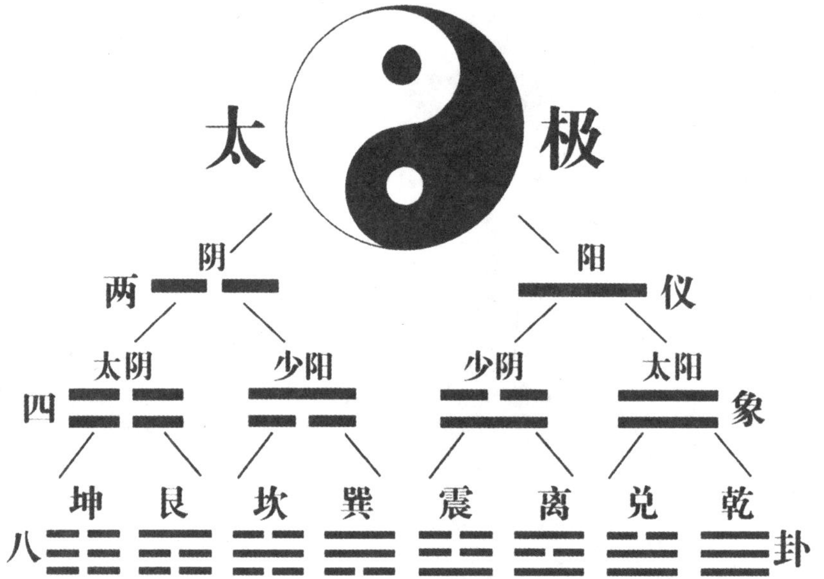

编号	卦符	物性	属性	德性	人伦	人身
乾	☰	天	马	健	父	首
坤	☷	地	牛	顺	母	腹
震	☳	雷	龙	动	长男	足
巽	☴	风	鸡	入	长女	腹
坎	☵	水	猪	陷	中男	耳
离	☲	火	牝	丽	中女	目
艮	☶	山	狗	止	少男	手
兑	☱	泽	羊	说	少女	口

1．伏羲八卦

传说伏羲（又作伏羲氏）根据河图作成八卦，称伏羲八卦，又称先天八卦。《易·系辞传》说：“古者伏羲氏之王天下也，仰则观象于天，俯则观法于地，观鸟兽之文与地之宜，近取诸身，远取诸物，于是始作八卦，以通神明之德，以类万物之情。”

伏羲八卦方位反映了大自然生成的状况。《说卦传》曰：“天地定位，山泽通气，雷风相薄（薄，迫也），水火不相射（射，射入，相容之意），八卦相错（错，摩擦之意）。”这里描绘反映的是一个乾坤开始奠基的平衡系统。在这个系统内首先出现了天和地，形成了高山大泽，在疾风迅雷的激荡下，有大火的燃烧和洪水的泛滥。这个状况相似于一个婴儿尚在母腹中的情形，这个可爱的婴儿就是我们现在的地球。

2. 文王八卦

文王八卦传说为周文王所定，称后天八卦，以别于伏羲八卦之先天八卦。

文王八卦的方位是离坎定位，而先天八卦是乾坤定位。离坎相对是来自先天八卦的。除离坎相对应外，其它相对应的三对卦都不相应了。方位均有所改变，成为离南、坎北、震东、兑西、巽东南、艮东北、坤西南、乾西北。

文王八卦的五行之属：震、巽为木，离为火，兑，乾为金，坎为水，坤，艮为土。至于伏羲八卦五行之属亦同此。

文王八卦的五行属性是一个相生的关系。从震、巽开始，经离、坤、兑、乾、坎至艮为一个相生循环。可见文王八卦描述的是一个大自然欣欣向荣生生不息的生态平衡系统。所以《说卦传》说：**“帝出乎震，齐乎巽，相见乎离，致役乎坤，说言乎兑，战乎乾，劳乎坎，成言乎艮。”**意见是说：春天（震）万物开始萌发，到了春末夏初（巽）长得新鲜而又齐整，到了夏天（离）在日光照耀下，虫鱼鸟兽都出动相遇了，到了夏末秋初（坤），万物更茁壮成长了，到了秋天（兑），万物成熟令人喜悦，到了秋末冬初（乾），万物处于盛衰、荣枯、生死交替的时期而挣扎搏斗，到冬正（坎），需要为过寒冬而勤劳不息，到了冬末春初（艮），新的生命活动又将开始了。后天八卦应用很广，可用于预测、堪舆。

二、植物与八卦空间定位

1．世间万物本身都有其内在的属性，而其属性各不相同，早在《黄帝内经》问世以前，我们的先哲就将万物本身固有的各不相同的属性归纳于五行八卦之中。笔者将它应用到园林规划设计中，创造了植物八卦方位图。

植物八卦方位定位图

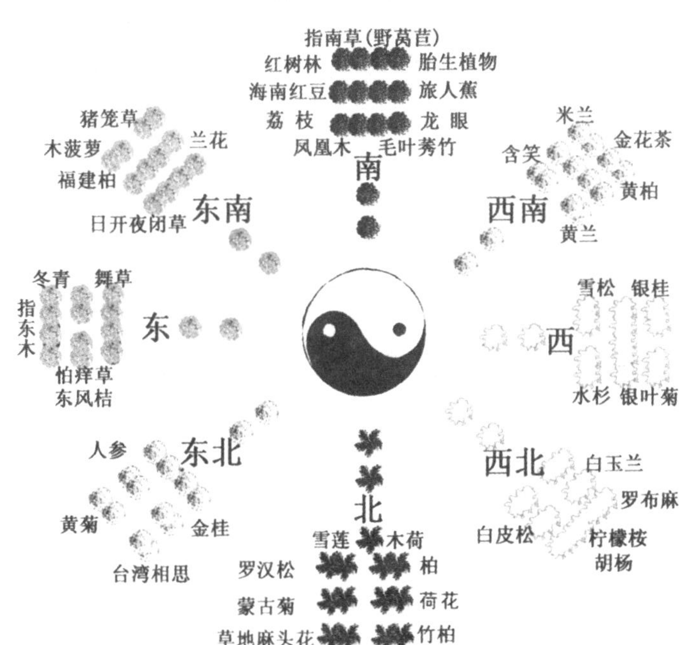

植物八卦歌

天地万物在进化，
各自定位有自家。
东南有雾杉材好，
莠竹窝里找到它①。

长白山上人参家，
西南邕宁金花茶②。
西北胡杨罗布麻③，
西藏高寒雪莲花④。

野苣指南是它家⑤，
指北要认麻头花⑥。
东风橘长东坡上⑦，
植物八卦不错差。

说明：①植物八定位有章法，杉木五行属木长在东或东南有雾气的阴坡上，成材快。毛叶莠竹与杉木伴生，常在杉林里找到它的踪迹。

②金花茶是我国的国宝，唯独在我国西南方——广西南宁邕宁县金陵镇一个山窝发现它，其它地方再没见它的踪影，金花茶五行属土带水，乃是五行属性与产地，对号入座。

③西北，是胡扬木、罗布麻生长地。

④雪莲花产于我国西藏高寒区。

⑤野萵苣产于我国北方，有指南草之称。

⑥草地麻头花、蒙古菊产于我国北方，有指北草之称。

⑦东风橘为我国南方常见野生植物，它长东坡，迎东风而长，故名东风橘。

2. 从荔枝、龙眼的生物特性引证植物服从八卦方位的自然法则

东边龙眼西边荔枝

荔枝

荔枝果子成熟是从西边熟起来的，西边果大而多，荔枝是长日照植物，故荔枝有助阳火功能。

龙眼

龙眼果实成熟是从东边熟起来的，东边果大而多，龙眼是短日照植物，故龙眼有滋阴功能。

3. 君子兰搬家，有迹可寻——可为植物堪舆学提供科学依据

已“搬家”三次的君子兰示意图

品种：垂笑君子兰（大花君子兰为阔叶），此盆君子兰已搬家四次（移位）。

因植物有**向光性**，当它的生长环境变化，光线发生变化时，植物对新环境要有新的适应，叶的伸展排列也发生改变。根据植物叶片排列伸展的变化（**尽管它无声响，人没听到它的“言语”），就可寻找植物搬家的动态轨迹**。

三、植物与建筑——建筑的植物仿生学

植物仿生学之建筑，乃现代建筑师追求的天人合一、以人为本的优化人居环境。

仿植物形态的建筑

车前草为了均匀采光，它每片叶子按对数螺旋线排列，用数学方程可表示，有规则地排列，使每片叶子均得到充足的阳光。每片叶子夹角为137° 30′ 28″。

举世闻名的悉尼歌剧院似是向车前草学习，从仿生学得到的建筑启发。建筑物每个部分都得到充足的采光。

睡莲——一根长长的花柄就可以支持花朵在风中摇晃，可见花柄的结构力学的神奇。

仿小麦、睡莲形态结构的力学，建成的香港和台北第一高楼，举世瞩目。

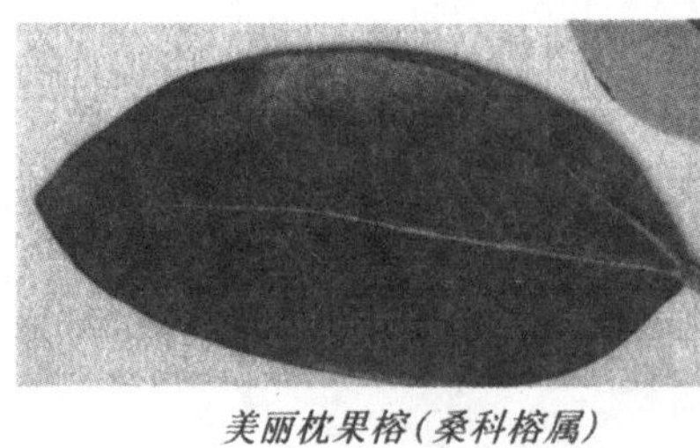

美丽枕果榕（桑科榕属）

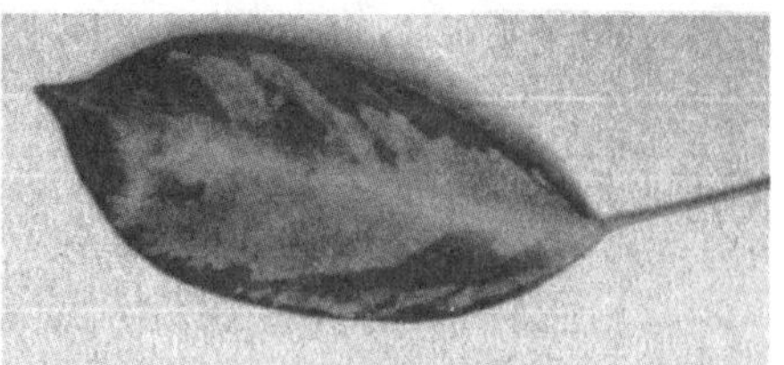

花叶鸭脚木（五加科）的小叶

广州国际会展中心多么像是上面植物的叶子

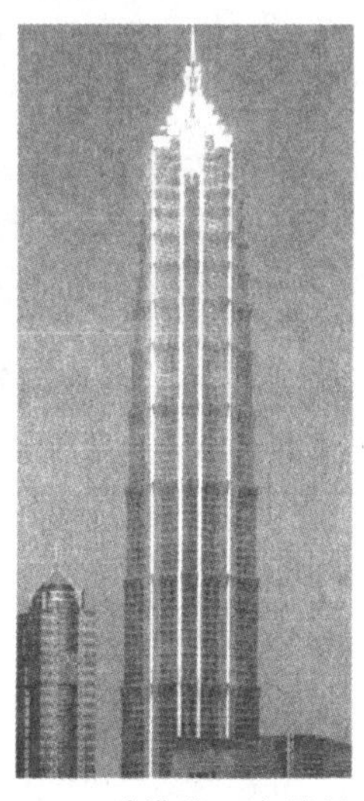

香港第一高楼很像植物的茎杆

人与植物是盘古开天以来共存于地球上的生灵，人是万物之精，植物是万物之灵。当今地球环境受到污染破坏，人应向有万物之灵——植物学习取经，建设以人为本、天人合一的优质优化优选的人居环境，那就是植物仿生学，在现代建筑上的科学应用。

四、造林绿化要讲风水格局——月牙泉的教训

绿化祖国，植树造林，功在当代，利在千秋。但植树造林要讲章法，盲目造林、不顾风水格局、不讲究气流科学、用木调兵布阵不当，就会破坏原来的布局，国家重点风景名胜敦煌月牙泉就是例证，但凡到过那里的人都会为之濒临流沙所淹没而痛心、惋惜！

四面沙山环绕的敦煌月牙泉能历经两千余年历史，从未被流沙所掩埋，神秘之处到底在哪？其实，基于它有良好的风水格局：月牙泉被夹在两座沙山之间，分别达100米和170米高，南山北坡与北山南坡一凸一凹，从而形成月牙形泉面。泉区小地形限定的风运动就很奇特，泉区外无论刮什么向的风，经谷口进入泉区后，狭窄地形会引致风力加速，形成东（西）、南、北三股风，沿着水域向两侧山坡作离心上旋吹动，把流沙从山坡下往上扬，抛向山峰的背侧，从而自然平衡下滑的流沙，泉、沙得以千年共生！

流沙掩埋月牙泉的原因，经治沙专家长时间观察研究，是人为改变环境，致使南、北沙山向中间移动造成的。20世纪60年代，热心的人们改造沙山环境时，大面积植树造林，将杨树林环丘植造，环栽到鸣沙山坡脚处。这本是常规的治沙措施。但在此地形地势的风水格局中，却起了反作用。不但对百米沙山未起固沙或前拉作用，反而使月牙泉赖以存在的东西风口（即风水学上所说的“气口”）受阻而逐渐增高。又连锁反应，使四周山体变形，加之大面积林木蒸发耗水，使泉水位逐渐下降。水面的缩小又降低泉风的上升力，使回落的流沙难以完全回升到原位，破坏了泉与沙的共生和平衡状态。

所以植树造林是好事，但不经科学地分析地理环境格局，盲目栽植，也会将好事变坏事，得不偿失！

月牙泉近貌（2002年夏）

注：本书印之际，据报载，接受专家意见，月牙泉环境已经再度改造，使之符合科学风水格局，泉水已开始上涨，逐渐恢复原来水位。月牙泉有望再显昔日辉煌。

敦煌千年古泉月牙泉为什么濒临淹没？

——造林不能盲目，必须要考虑气流科学

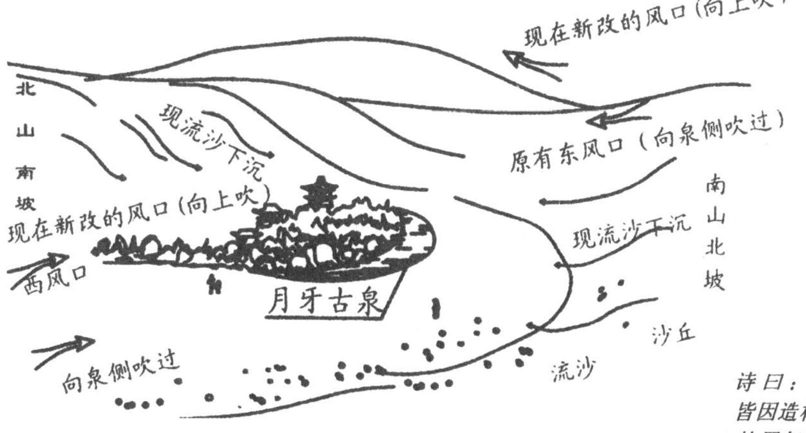

诗曰：
皆因造林法不当，
林屏气阻沙塌方。
及时救治免遭劫，
阴阳和合再辉煌。

李德雄高级工程师在“十一五”全国环保国际论坛上对月牙泉风水格局气流分析。

第四章　“李氏绿色兵法”的应用类型、原则与方法

第一节 “李氏绿色兵法”与植物造(改)场

一、什么是“李氏绿色兵法”

阵法歌

园林设计易为魂，点木成兵布阵新。

阴阳五行循章法，绿色风水巧如神。

排兵布阵，古来有之。我国古代以东周列国的孙膑所著的《孙子兵法》最负盛名，而三国的诸葛亮之排兵布阵最得心应手。《晋书》记述：**苻坚与苻融登城而望王师，见布阵整齐，将士精锐；又北望八公山上，草木皆类人形，苻坚回头对苻融说：“此亦勍敌也，何谓少乎？”这里所说的“绿色兵法”，就是参照古人的谋略，运用易理中的阴阳、五行、八卦原理，把绿色植物比拟为兵将，在某一既定区域内按方位“确立将帅”、“排列兵丁”，布成相应的植物阵势，以获得最理想的“造（改）场化煞”效果，达到改善环境之目的**。这是一项既新奇有趣又科学实用，且颇具实际意义的造（改）场法。

植物是有生命的绿色物体。它生机蓬勃，姿彩缤纷，形态万千，功能各异，所以是造（改）场化煞的天然用材和武器。笔者在前面的第二章中，已介绍过**植物具有许多特点、特性和功能，其中有些是人和其他物体都不能具备或无法替代的。植物的这种性能，使得它在造（改）场化煞中，具有不可替代的主体地位**。

按易理阴阳、五行、八卦原理，**以植物为主体进行科学合理排布，造就一个具一定特色的、优质和谐的绿色生物（或生态）场，既能最大限度发挥植物所具有的各种功能，改善美化大地环境，使丑地、劣地、坏地等得到新生，变为风水宝地**。又能像一个个训练有素的士兵，通过不同“兵种”的组合，构成一道道绿色屏障，以抵挡、消灭各种和各方的“来犯之敌”，以消除或减轻来自宇宙或其它方面的微波辐射所造成的干扰和污染，达到改场化煞之目的。这就是“绿色兵法”的基本原理和深刻内涵。因此有的学者、国内外的易学家将这种造场化煞的方法，誉称为**“李氏绿色兵法”**，如《中国时代》的作者、经济策划家宋太庆教授，是最早发现和推崇**“李氏绿色兵法”**的。

二、植物造场改场

1. “场”的概念与形式

场是物质存在的基本形式，存在于整个空间，具有能量效应。场的强弱梯级，相对可以自然兴利，也可以自然致害。一定梯级的场环境，影响不同的生态。宇宙法则就是如此，就健康而言，某种物质多了会是一种病，少了也会是一种病。物质平衡，适宜就是利，

不平衡就带来弊病。场的物理量适宜与否，对启迪智慧与健康生存至关重要。

平常所说的“场”，包含静和动两种状态，以及平面和立体两种形态。静态的场，一般是指存在于一定范围内的场所，如操场、会场、剧场、游乐场、游泳场等，这些静态的场，大都是平面的。而动态的场，一般是指在某一空间区域里，存在着某种物理量梯度或函数级差状态，物理学上冠名为物理场。因为存在着物理量梯度或函数级差的关系，所以物理场具有如下特性：一是场、是物质存在于空间区域的两种基本形态之一；二是实物之间的相互作用，是依靠有关的场来实现的；三是场本身具有能量、动量和质量，且在一定条件下可以和实物相互转化；四是根据量子论的观点，场与粒子有不可分割的联系，即一切粒子都可以看作是相应场的最小单位（量子），例如电子联系于电场，光子联系于光子场（即电磁场），水粒子流动联系于水流速度场，磁粒子联系于磁场等。这样一来，物体或物质的一切相互作用，都可以归结为有关场之间的相互作用；按照这种观点，实物和场并没有严格的区别。

现代物理学，尤其是量子力学的研究已经证明：分布在一定空间区域内的场，是可以用物理量或数学函数来定性和定量的。但是，场有时也不一定是物质存在的形式，而是直接指某一空间区域本身，这是为了研究方便才引入的概念。例如，房间火炉可使房内的不同方位有不同的温度，就可以说房间里存在着一个温度场；又如河流中不同的地点有不同的流速，表明河流的水体存在着速度场。还有如电场、磁场、电磁场、地热（红外波）场、地放射性（射气）场、地震力场、引力场、光电场、风力场等，在这些场中，既可以是指物质的存在形式，也可以是指各自存在的空间。自然界中存在的场有如下几种类型：如果用来定性和定量的物理量或数学函数是标量时，称为“标量场”；如果用的是矢量，则称为“矢量场”；如果不随时间和空间变化的，称为“稳恒场”或“静场”；如果随时间和空间变化的，则称为“可变场”或“交变场”。

2. 植物造场改场

植物能不能形成植物场呢？对照上面物理场的概念、特性和类型，答案是肯定的。因为：首先可以用植物造就一个各个方位高矮有致、品种不同、大小不一、柔和美观的空间；也可以种植成浓淡不同的色彩区域；更可以布置成香花各异、香味不同的区间；还可栽种成风格不同、功能各异的场所；又可以用植物设置不同特色和作用的阵势等等。而在一个特定的绿色空间区域中，植物的高矮和大小分布各异、香味散布浓度的各点不同、各区域颜色深浅的色度变化、抵御环境不良因素好坏的程度、净化环境优劣的高低等，均与上面所说的物理场所具有的特性相吻合，表明植物可以形成多种形式和状态的场——植物场。

这些植物场，既有动态的可变场，如花的香味散发、光合作用的氧气释放、树叶对尘粉的吸附，以及花果叶颜色随气候或时间变化、植物形态随季节变化、区域内温度变化等所形成的场；也有静态的稳恒场，如某一时段内植物的高矮大小和形态、颜色等基本保持不变等所形成的场。这些人工设置所形成的植物场，既可以是指物质存在的一种形式——植物体本身及其所释放的物质，也可以是指它们存在的绿色空间区域。它们有相当部分的场能及其梯度分布是可以用物理标量来度量的，如花香浓度、颜色色度、释氧浓度、区域温度、吸尘数量、光合作用强度等形成的场，这些场可称为植物标量场。李氏绿色兵法就是根据植物具有这些场的特性，运用植物所具的阴阳和五行属性，结合种植区域的具体条件及所要求的功能和作用，用排兵布阵的方式，来造就不同特色和功能的植物场，称之为绿色兵法植物造场或改场。

笔者在带《绿色风水》、《绿色兵法》的学习班学员到各大公园、植物园实习时，曾经要求学员伸出双手，把手掌中的劳宫穴对准各种树木花草。当手掌伸向红色的朱蕉，就会感到属火的朱蕉释放出的气场是暖和的；当手掌伸向叶子黑绿色的棕竹，就会感到属水的棕竹释放出的气场是阴冷的……各种植物的五行不同就会有强弱不同的感受。虽然没有用仪器，但用活生生的人体场去感应活生生的植物场，这种感受是客观存在的。

综合上述所说，“李氏绿色兵法”的绿色植物造“场”或改“场”，实际上就是营造一个良好的气场，以改善人们居住、工作的环境，提高人的健康水平和平衡心态。我们可以这样设想，假若一个单位的环境凋零萎损，不堪入目，单位形象到职工心理都处于不良状态，必然造成事故不断，乃至经营屡屡受损，不要说发展了，就是维持现状也难。又如果一个家庭的环境不良，必会令人心绪不宁，忧烦苦恼，心力交瘁，乃至灾病频侵，影响生活和工作。面对这样的情况，非常有效的途径就是用植物进行造场改场，改善环境，平衡心态，调节身心，激发人们积极向上的思想情绪和创新精神，面向困难，解决困难，从而进入一个健康的、新生的、兴旺发达的新局面。

三、用植物造（改）场化煞

“煞”，古人谓称凶神。世间并没有神，更没有凶神存在。依笔者之理解，古人所称之凶神，可比拟为一种极具危害性的不良因素。那么，这种不良因素是什么呢？《**白虎通·五行**》中有这样的描述：**“金味所以辛何？西方杀伤成物，辛所以煞伤之也。”**可以用“气”学风水派的术理进行解释。该风水学派的特点和运用，是将风水分为大运、小运及流年，而对于某一局部区域来说，甄别流年风水是颇为重要之事。而该风水学派预测流年风水，主要是根据洛书九星（即一白、二黑、三碧、四绿、五黄、六白、七赤、八白、九紫共九星，其中一、六、八、九为吉星，二、三、四、五、七为凶星）术理，来推算紫白吉凶方位，即紫、白各星所落入的方位，以据位择时，依势而动，达到趋吉避凶之目的。这里所说的紫白九星，实际上是根据日月星辰的运行，结合阴阳、五行和八卦，来推定它们对地球或其中的某一局部区域所造成的影响。按照这一术理，《**白虎通·五行**》所说的可解析为：**当凶星落入西方时，还在此方位摆放属火的器物，不但不能趋吉，反而会助凶，使煞星更具杀伤力**。

由上述可知，**古人所指的“煞”，实际上指的是存在于空间的一种无形的东西，古人将它称为“炁”**，这在第一章已有论述。用现代物理学解释，实质就是来自宇宙或区域周边的微波辐射所造成的一种干扰或污染，而产生或形成的不良气场。化煞，就是改造化解不良的气场。事实证明，**通过各种不同植物的优化组合——“行兵布阵”的种植或摆设，来抵御和化解不良气场的影响，达到改善环境的目的**。这种植物造（改）场化煞方法，比之古人应用相应的传统器物化解法，其实用性、科学性和有效性都好得多。有关化煞的具体方法，下面将作专门论述。

第二节 “李氏绿色兵法”的布阵造(改)场类型

“李氏绿色兵法”是通过植物排兵布阵来造（改）场化煞，它的类型以布阵阵法造场的形式和造场化煞的方法来划分。本节主要介绍植物造场的阵法，按易理阴阳、五行布阵分为植物**不迷宫八卦阵、九宫阵、五行阵**；按日、月、星、辰四天象布阵可分为**三恒阵、六神阵、北斗七星阵**；按地理的地形、地貌布阵可分为**山法、水法**；按植物形态布阵可分为**五彩阵、香花阵、塑型阵**等等。

一、按《易经》易理阴阳、五行划分的阵法

（一）八卦阵（植物不迷宫）

1. 伏羲先天胎气图

早在公元前205年以前，中国人就开始了仰观天文，俯察大地的活动，逐步形成了“天人合一”的宇宙观。先祖就以此宇宙观为引导，创造出先天和后天八卦图。

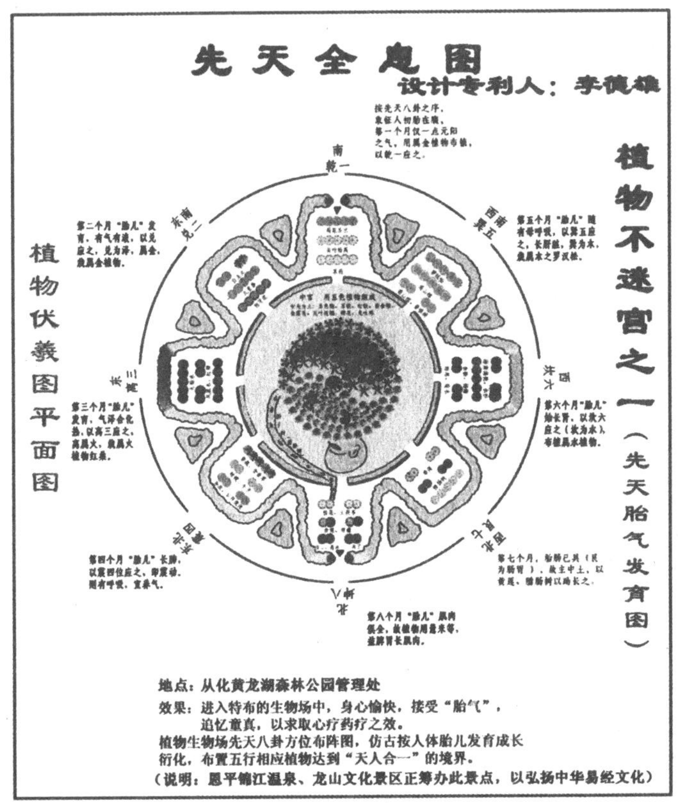

植物不迷宫，既以古代传统的文化易学理论为指导，把植物分阴阳五行，相生相克的中医药机理组园，又遵循先天八卦（胎气发育图）之形布局，以及按先天八卦图数字排列和八卦方位布置植物生物场，从而达到“天人合一”的和谐境界。它从乾一开始到坤八，其运行路线为“S”形，此运行路线表示了太极图中阴阳交合线的“S”形状。这种少用建筑材料，大量选用多种绿色植物建造的迷宫，游人身处其中，既能欣赏到传统的文化艺术，领略传统的文化知识，又能达到怡情调心养生之效。

植物先天八卦（又称伏羲八卦），按朱熹的《周易本义》作了如下说明：说卦传“天地定位，山泽通气，雷风相薄，水火不相射。八卦相错，数往者顺，知来者逆”。邵子：“乾南，坤北，离东，坎西，震东北，兑东南，巽西南，艮西北。”

按此图乾上坤下，离左坎右，即乾南坤北，离东坎西。乾为天，左半圈自下而上，震为一阳生，此时为阴消而阳生，艮为二阴生，而阴气生长，阖户而收藏万物。离为日，日起于东方；坎为月，月生于西方。天地降阖，四时运行，八卦方位与四时阴阳消长关系在图中表示得一目了然。用植物组成的八卦图，有助于今人乃至后人能从游历此八卦迷宫中领会传统文化的精华。

笔者根据先天八卦图，用植物按着乾一、兑二、离三、震四、巽五、坎六、艮七，坤八及九宫来布阵。这是以植物生物图的形式，重现古代艺术的科学方法。

根据先天八卦次序，按照胎儿在母体中各阶段发育成长过程来布植植物，是先天八卦迷宫的一大特点。从不迷宫的植物布局可知：人初胎在母腹第一个月仅一点元阳之气，以乾一应之；有气就有液，以兑二应之（兑为泽）；第三个月气泽合化为热，以离应之（离为火）；第四个月震而动以震四应之，即震动，则有呼吸；第五个月子随母气有呼吸，以巽五应之；第六个月胎水始盛，以坎六应之（因坎为水）；第七个月胎儿的肠胃已具，以艮七应之（因艮为肠胃，主中土）；第八个月，胎儿肉皆成，以坤八应之（坤为肌肉），此时胎儿的形体俱全。故凡称怀孕足八月生育，其子易养，不满八月则子难养，谓之先天不足，所谓先天，即指胎儿而言。

再如人生在胎中，开始生头，为乾一；次生肺，为兑二；次生心，为离三；次生肝胆，为震四、巽五（震巽表肝胆）；次生肾，为坎六（坎为肾）；次生肠胃，为艮七；次生肌肉，为坤八。现代医学剖视，大略如此，颇合先天八卦之象。用植物生物场组成“植物迷宫”，皆按胎儿所处挂位，配置相同属性的植物，揭示了深邃的文化内涵，寄寓“天人合一”的古老易经哲理，实为别具一格的特色造园。

根据上述原理，植物不迷宫的生物组场的实际布置为：

①乾一（即南方组场），按先天八卦之序，促进“胎儿”第一个月发育有利于长“头部”，用五行属金的植物：荷花、玉兰、白婵、茉莉等乔、灌木构成符号为“☰”图形，以助元阳之气。

②兑二（即东南方组场），为促进“胎儿”第二个月发育，有利于生“肺”，故用属金的植物：白玉兰、百合、狗牙花、火力楠、九里香构成“☱”图案符号，以助“胎儿”之气液。

③离三（即东方组场），为促进“胎儿”第三个月发育，有利于“心脏”，故用属火的植物：凤凰木、火焰木、红棉、红桑等构成“☲”图案符号，以助“胎儿”之气泽合化热，以益心脏。

④震四（即东北方组场），促进“胎儿”第四个月发育，有利于肝胆，故用会“动”的植物——生物电十分敏感的一系列植物，如含羞草、小叶紫薇（怕痒树）、合欢（叶子会日开夜闭合的）、叶下珠（大戟科草类植物，又叫日开夜闭）和能促进肝胆运化的龙胆草、鸡骨草（广东毛相思）、排钱草、葱木（簕揽）、桃金娘、五指牛奶等，构成“☳”图案符号，以益肝胆，能养气。

⑤巽五（即西南方组场），为促进“胎儿”第五个月发育（因胎儿随母呼吸），宜益肝胆，故栽五行属木的罗汉松、铁冬青、菩提树、高山榕等。构成“ ”图案符号，益肝胆。

⑥坎六（即西方组场），为促进“胎儿”第六个月肾脏发育，故栽属水植物的海南蒲桃、水杉、水松、杨梅、相思、荷木、油茶等对“火”有抗御力的植物，构成“☵”图案符号，益肾脏。

⑦艮七（即西北方组场），为促进“胎儿”第七个月肠胃发育，故栽属土的植物如腊肠树、鸡蛋花、菊花、布渣叶、黄连等，构成“☶”图案符号，以健胃肠。

⑧坤八（即北方组场），为促进“胎儿”第八个月的发育，第八个月“胎儿”肌肉形体发育俱全，对“胎儿”而言，栽健胃的含笑、桂花、土茯苓、土萆等组成的生物场，构成“☷”图案符号，以益“坤”场，企望游人进场，均受与各场相同裨益。

⑨中宫九（中央组场），为植物迷宫之中心，表示“胎儿”已长大成人。用五色梅、红铁、黄金榕、花叶假连翘、福建茶、簕杜鹃、大红花、希美莉、苏铁、仙人掌科植物、红、绿草、黄草、可爱花等五色植物，绘制五彩缤纷的画面。其中用绿草组成阴鱼，红草组成阳鱼；它们以“S”为分界，合抱于由龙舌兰组成的“S”曲线上。再以福建茶作阳中阴的“阳鱼”眼睛，以红继木作阴中阳的“阴鱼”眼睛。阴阳两鱼运动于由可爱花组成的太极圈中。以无忧树（佛教圣树）作“太极图”的中心，表示“胎儿”已长大成“人”，过着无忧无虑的幸福和谐生活。“太极图”是中华先哲留下的美好的符号，它象征万物生太极，一阳一阴为正道，只有不断的平衡发展运动，事物才会生生不息。在用植物组成的太极图外围，用不同的季节花卉，组成四方八面的八角方位表示宇宙的圆融与和谐。

以上用植物组成的不迷宫，让游人回到少年时代，返璞童真，其乐无穷！

2．文王后天八卦图

后天八卦图园林植物不迷宫，类似伏羲先天八卦图的原理。不同的是此植物不迷宫，指的不是胎儿发育，而是以人的家庭生成组合，来阐述八卦排列次序。

文王后天八卦植物不迷宫，遵循古代易学家邵康节的《皇极经义》中所说的“先天非生天，则不能以自行也”之原理。其术理内涵为：“只有先天而无后天，则无变化；有后天而无先天，就没有根本。”据此理论，后天八卦植物图是用易理艺术语汇，遵循天地变化之道，诠释人间事物之变化。社会如果没有变化发展，就没有社会进步。

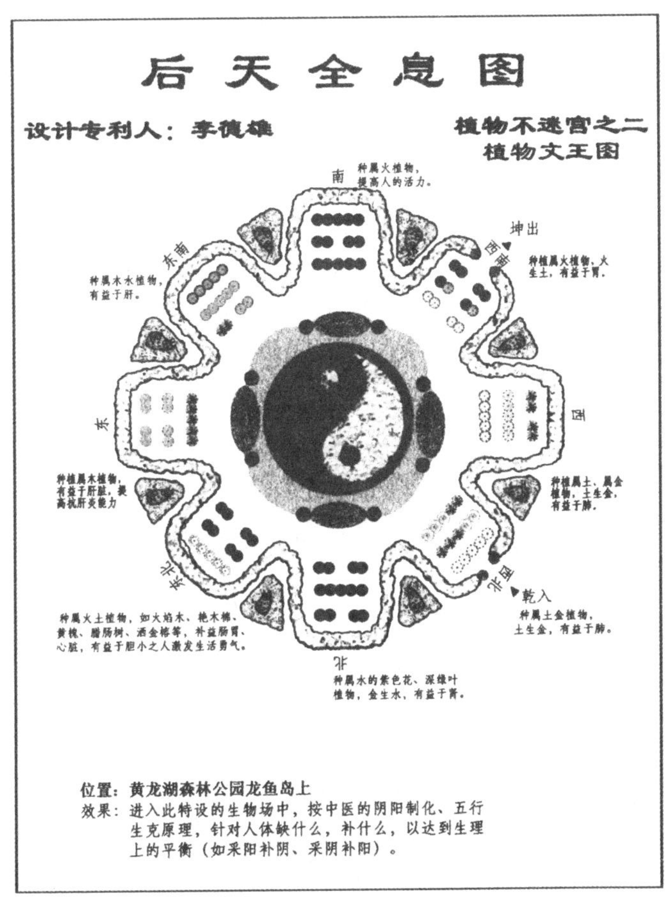

古代易学家邵雍认为：汉易中以坎、离、震、兑为四正卦的图式，乃文王对伏羲卦的推演。先天八卦为体（根本），后天八卦为用（发展），欲如人之先天在母腹中，以脐通呼吸；人之后天出母腹外，则以鼻道呼吸。所以先天后天，体用不同。故先天为体，后天为用；先天为后天之根本，后天为先天的延续。

布植的两个迷宫，虽分两地而建，表现形式不同，但又是相互联系的两个植物基本造园。它们是用**艺术的语汇，把人带入一个哲学养生的绿色乐园。实际上是取得既富有生机和特色，又有深厚文化内涵的一项投资少、收效高的建园项目**。

（二）九宫阵

（三）太极阵

1. 阴阵 2. 阳阵

（四）五行阵

1. 金（白色园林） 2. 木（青色园林） 3. 水（黑色园林） 4. 火（红色园林） 5. 土（黄色园林）

二、按《易经》天、地、人合一划分

（一）**天**（按日、月、星、辰划分）

1. 三垣阵

紫微阵、太微阵、天心阵。

2. 六神阵

玄武阵、青龙阵、白虎阵、朱雀阵、腾蛇阵、勾陈阵。

3. 北斗七星阵

（二）**地**（按地形、地貌划分）

1. 山法（建筑）：明、暗、远、近、高、矮、虚、实、聚、散、开、合、起、伏、冷、热、刚（硬）、柔（软）、疏、堆、叠、干、湿、筑、寻隙补助法、留法和配法等。

2. 水法（路）：截（堵）、导、追、迎、障、屏、渠、海防法（海岸、湖、河、港、渠、库等）。

（三）**人**（按人生态划分）：生、死、喜、怒、哀、乐、群、动、平、骗法等。

第三节 “李氏绿色兵法”植物造场的基本原则

一、现代环境绿化中的失误

现代人居环境的绿化已渐渐引起人们的重视，但是在绿化美化的过程中，存在很多的随意性片面性，有些设计造物，表面看来在树木花卉的掩映下，建筑是美丽的。但仔细考察起来，问题可不少。

（一）盲目求大，争建大广场

西江河畔有个县级城市人口不到40万人，却搞了个几百亩的大广场，树木设施也不多，人立广场一望无边，除去水泥，空荡荡无它物。夏天南方阳光曝晒，无树木纳凉；冬天凉风习习，一片荒凉。一年间除了集会外，人是很少到的。现在我们有些地区，建广场一个比一个大，浪费了不少农田，这种乱造风水现象不少，应该刹车了。

在小区庭院中，长廊只有廊柱框架，没有攀藤植物覆盖，亭子既不遮阳，又不挡雨，洋架子既不好看也不好用，造成资金和资源的浪费。

（二）盲目追求洋法

不少地方楼盘小区，争相标新立异学西洋，什么意大利式、罗马式，圆圆的罗马柱，拱形的门楼，一起一伏的梯级……看惯了中国的古典园林，适当搞些西洋式的园林也是一种新意，但过多过滥也就俗套了——不要忘记珠江三角洲的气候是吹东南季风，高温多雨，夏天日晒，建这些门楼无瓦遮头，却苦了住在这里的人，下雨就落汤鸡，日晒热晕人。慢慢地这些西洋式的门柱从被人欣赏赞扬转为讨厌和诅咒。

地台上设坐凳出发点是好的，但太阳晒在地台上热气逼人，无树无阴，且凳子边栽的是刺人的国王椰子，叶尖刺伤人眼时有发生，建筑绿化失误。

我国南方高温多雨，日灼厉害，在小区里设露天坐凳，上无架廊挡雨，又无大树纳阴，人坐观得享受，难得一见，难有人去一坐。

把树形高、生长快的小叶榕栽在外围，而把树形矮小、生长慢的国王椰子栽在中心，近处见到的永远是一根根柱子，远处则隐隐藏藏，缺乏章法。

植物布局不妥不美，树冠直立与展开反差太大，形体比例失调且小小的空间像插秧密密麻麻，无主无从，主题不突出。

（三）毁了树去种草

人居环境的建设，包括大量栽植乔木、灌木、花草，分层次按比例进行造林绿化，其中应以栽植乔木为主体。但近年来有些城市，为了修建赶时髦的高尔夫球场，伐木毁林引种大量的外国草种铺植大草坪，造成生态的破坏。曾有个城市的人大代表提出呼吁，指责这种盲目的行为，搞高尔夫球场而毁林，这个教训在新加坡是记忆犹新的。从科学研究可知：一个人一天需要的氧气需要有10平方米的森林供给，如是草地就必须要有40平方米才能保证。在城市中，寸土尺金，森林才是养人之“肺”，盲目栽草毁林是捡了芝麻丢了西瓜之愚蠢行为。况且搞高尔夫球场，草地要施肥喷药，下雨时农药肥料流到池塘去毒死塘鱼，造成新的环境污染。

（四）绿化栽植不讲章法，缺乏园林美

（五） 园林道路不为园中人着想

近门口栽树，住户返家不便，路被植物拦截，偏离“以人为本”的绿化原则。

叶骨硬的国王椰子栽近路边，会刺伤行人。

（六）绿化布植只求“美”，却对建筑、设施不利

1. 离建筑不足5米栽乔木，距离不足3米栽灌木，使植物根系影响建筑基脚与地下管道设施。

2. 栽种的植物芒果（五行属水带木）、棕竹（属水），植物群体离建筑太近，湿气大，气场阴对人体不利。

3. 植物群体密集容易滋生病菌、害虫，藏蛇鼠，存在卫生隐患。

（七）科学合理的布置

绿化带不紧贴墙壁栽种，有利于环保卫生。1. 蛇蚁无藏身点。2. 保持墙壁干燥不受潮。

（八）绿化材料选用错误

前面种了一圈红色叶子的绿带，那是促癌有毒的植物——红背桂（大戟科）在小区主要出入口栽种，欠妥。

把促癌花木之——红背桂栽在儿童游玩之地，且红背桂流出白色的汁液，易造成幼嫩皮肤过敏反应，实是失策之举！

（九）缺乏安全卫生观念

促癌植物——铁海棠，种栽在公众活动小区，不宜！

狭小的天井中种了密集的树木，既存安全隐患（盗贼藏匿其中，不易发现），垃圾也不容易清扫，是卫生的死角。

（十）犯了传统风水之忌

树冲门，增加了超微粒子波干扰，犯了风水学上的“门口有木多闲困，园中有树惹祸殃”之忌。

（十一） 缺乏天人合一的园林配套

大树下好乘凉，然而大树下却寸草不生。如设置地台和坐凳，就不会黄土裸露。

（十二）阴树阳栽

阴树阳栽，三药槟榔是偏阴性的，却在阳光下暴晒，难以长得好。

阴树阳栽，阴香是偏阴的树木，却栽在阳光直晒的西墙下，想长得好要耗费不少功夫。

（十三）不考虑植物的抗风能力

旅人蕉栽在当风处，被大风吹得枝残叶缺。

（十四）千里移树劳民伤财

耗资数万元，从远方运来大树，因无适树生长之地，且管理粗放，几年了，树却奄奄一息，了无生机，非常可惜。

（十五）偷工减料，绿化材料偏矮偏小

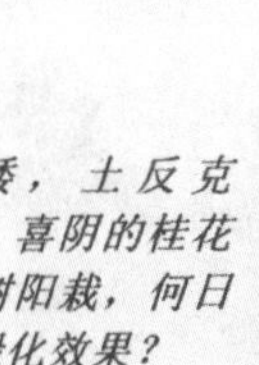

墙高树矮，土反克木，日辐射大，喜阴的桂花栽于此，为阴树阳栽，何日才能收到围墙绿化效果？

（十六）布植失调

国王椰子叶子霸道，不应种于路边。小叶榕与国王椰子密植，美在何处？

（十七）一眼看穿，犯了园林之忌

上虽穿“衣”，下却没穿“裙”——大王椰子只是孤家寡人，树下光秃秃，没有中低层次植物显得十分单调。

（十八）园林绿化素质水平低劣，有待提高

水井盖暴露于绿地中，应该用掩丑揭美的绿化艺术手法，种上植物材料掩盖丑陋不雅之物，提高绿化素质水平。

（十九）不合理的生物场阴差阳错，阳树阴位

（二十）栽植方位不妥

玉绣球本是阳性花卉，却因栽了阴位，故到开花季节仍开不了花。

二、 应用“李氏绿色兵法”植物造场的基本原则

根据**宇宙螺旋气场**和**易学**的科学观点，基于现实环境风水中存在的问题，按照“李氏绿色兵法”，应用植物造场必须遵循**五个基本原则**：

第一，分清植物的阴阳、五行、八卦定位；

第二，把握植物的本质特性，适地适树；

第三，以人为本，针对环境现场进行建设规划；

第四，在园林规划设计中，对每个立项，对每个景点都注重文化内涵，各有主题，各有个性。

第五，以生态为根本，少用建筑材料，多用有生命的植物作材料。节省成本，造出有生物场体效应的作品。

第四节 “李氏绿色兵法”的植物造场方法

一、传统风水学的煞与化煞

（一）什么是“煞”

“煞”在新华字典中解释为“束缚”。在传统的环境风水学上认为是不良的干扰。

凡属对屋或居住者，在身体上或心理上产生不良影响的因素都称为“煞”，现代应解释为微粒子干扰。

煞主要分三类：一是理气煞；二是形煞；三是污染煞（物质环境污染煞和心理污染煞）。

1. 理气煞

理气煞是根据各理气派学说推算出来的凶煞。该煞虽无形无象，对于笃信风水者，则每每惶惶不安。

八宅学派认为："凡东四命的人，大门若面对凶方（西方兑金，西北方乾金，或西南坤土，东北艮土）便是凶，称为金煞或土煞；凡西四命的人，大门若面对凶方（东方震木，东南方巽木，或南方离火，北方坎水）便是凶，称木煞或火煞。"故以上各煞可称为五行之煞。

按照各人的出生年来划分五行，其中属木即震、巽位，属火即离位，属水为坎位，合为东四磁场，是为东四命的人；属金即乾、兑位，属土即艮、坤位，合为西四磁场，是为西四命的人。

飞星学说派认为，一宅可划分为九宫方位。每宫有坐星和向星，坐星（又称山星）管人丁，向星管财禄，一般以观看向星为主。宅（地）运有三元九运的不同，各宅有各宅的宅运，因而吉凶也不同，再加上年飞星与月飞星对各宫原有坐星、向星的影响，便可知这一年一月该宅的吉凶变化了。九星分为吉星和凶星，如果凶星降临，便须化煞。但九星亦分属五行，同样可称为五行之煞。

如何去化解五行之煞：

（1） 改变大门之向

如朝南之门若属凶向，则可置一植物屏风于大门进口处，将南门变成东门或西门，可选或东或西的吉向进出。

（2） 按五行生克化解五行之煞

八宅学派之凶位化解：乾兑位属金，若为凶，则可放置属火之花木或属水之花木以化解；坤、艮位属土，若为凶，则可放置属木之绿化植物或属金之白色花木以化解；震、巽位属木，若为凶，则可放置属金之花卉或属火之花卉以化解；离位属火，若为凶，则可放置黑色之植物或黄色花卉以化解；坎位属水，若为凶，则可放置黄色花卉或绿色植物以化解。具体选用哪些植物花卉，请参考第三章第二节植物五行表。飞星派之凶星、衰星的化解。九星在得运时，俱吉；在失运时，俱凶。如：

①白贪狼星，属水，官星，主文昌、科名。

②黑巨门星，属土，病符星，主疾病、瘟疫。

③碧禄存星，属木，贪狼星，主口舌、争斗，在上元时为得运，俱吉。

④绿文曲星，属木，文昌神，主禄位。

⑤黄廉贞星，属土，瘟神，主凶灾、祸患。

⑥白武曲星，属金，主吉，在中元时为得运，俱吉。

⑦赤破军星，属金，贼星，主刑伤盗劫、官非。

⑧白左辅星，属土，财星，主财。

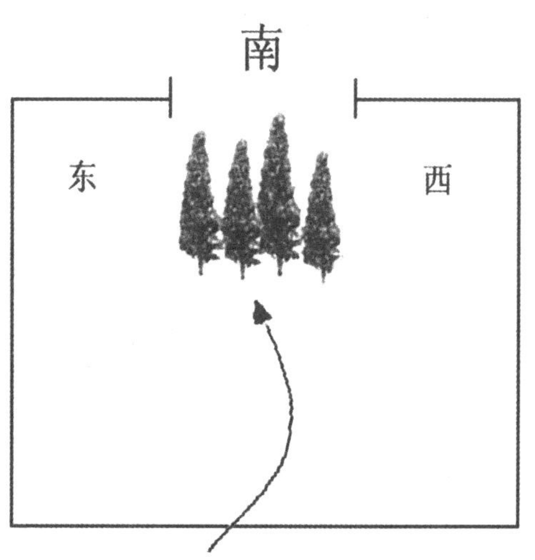

屏风植物、景墙、水景、石景或木石、金属、玻璃等

⑨紫右弼星，属火，主灾。

在下元时，为得运，俱吉。

如果一白、二黑、三碧处在下元时便为失运，俱凶。

虽然时运影响九星吉凶，但九星本身仍有吉凶之别。九星以一白、六白、八白为三吉；二黑、三碧为小凶；五黄、七赤为大凶；四禄、九紫有吉有凶。但不管九星如何变化，其凶其衰均可化为五行之煞，可按五行生克放置不同五行属性的花卉以化煞。当然也可用五行之色的各种类型的吉祥物来化煞，但总以鲜活的生气盎然的植物花卉为上上之选。

以上将八宅之凶或九星之凶均化为五行之煞，就好对付得多了。但对于一般住户而言，仍是比较繁杂，若不会推算，更是茫然。**现介绍一个总的简单的破煞大法，总之一个阴阳就可以概括了**。所以，**无论何种五行之煞，只摆放阴阳两种植物在室内就行了**（参看第三章第一节）。

而且可以测知，如**阴性植物易衰败，就意味着阳煞重，便可多置阴性植物以化解**。中国民间常用太极图悬挂室内以避邪，就是应用这个原理。**摆放阴性植物和阳性植物，就是组成一个活的太极图**。

2．形煞

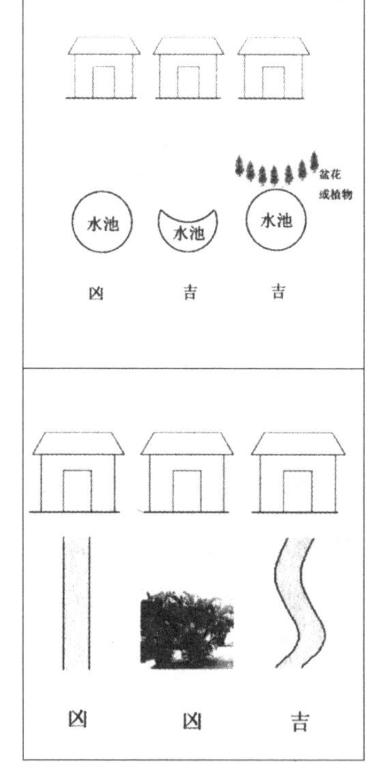

形煞是一种影响人们的感官和心理的某种实体的有害形象，有的能伤害人的身心。

有些形煞的产生，是建筑师人为造成的，为了追求所谓的“最高限度空间利用”，把三尖八角的地方用上，或为追求“标新立异”，把一块原是方方正正的地裁成三尖八角的建筑物，由于尖角释放不良微粒子，影响他人身体（中国古代建筑也有尖角造型，但尖角是曲线形朝上卷扬，并不直指他人房屋），有的建成并列大厦，大厦之间的空隙，形成驻波效应的天堑煞。

形煞有很多种，以下只举一些例子（见左图）。

（1）直形煞

大门口、房门口或窗户口，最忌面对直煞。何为直煞？如直直的过道、长长的走廊、迎面而来的马路、河流、街巷、木柱等，它们都能冲击室内居住者消耗过多能量，因而影响人体健康。直形煞可分为竖立的直形煞和平面的直形煞。竖直的直形煞可称为水煞，如天堑煞，门口独立的大树、电杆、烟囱等，能产生驻波效应。平面的直形煞可称为水煞，如迎门面而来的长形过道、走廊、马路、街巷、河流等。如何化解单数之直形煞？因单数为阳，故以双数（为）之花木化解。如门前面对一个独立电杆，可在门口左右摆放两盆花木，也可竖一排植物屏风。当然，也可以用一对其它的吉祥物或拉一个红布帘（化木煞）也可，只是没有植物的活力大。对于直煞，我们要“趋曲避直”，这就是趋吉避凶了。

（2）反弓煞

凡弓形道路、弓形河流、弓形天桥、圆形屋、圆形水塘，其弓背如一把圆形切刀，呈凶格，称反弓煞。弓里部分则吉祥如意。很多接近江河的大城市，其繁华城区都是位于江河之弓里，其弓背处则较萧条穷困。

为了趋吉避凶，对于反弓煞，要“趋弓里，避弓背”。反弓形的桥、圆屋可称为土煞，水塘、河流之弓背可称为水煞。

如何化解反弓煞？可采用遮挡法，大范围则可采用防风林，一般住户则可采用植物屏风或摆放一个植物太极。

如果在自己住地范围内的反弓煞，则可加以改造，化凶为吉。如门前圆形水池可改成让弓里面对大门。

（3）其它异形煞

如三角形、锐角形、花样形、齿牙形、条纹形均可称为火煞。可用一种兽形煞，其天敌之物以化解。

由于现在外界之物，花样翻新，未能一一列举。故凡在门前、窗前或房前屋后有刺眼之物，有令人不舒服之物，均可曰之为煞，或挡之（避其锋锐），或化之（用植物太极面对煞方），即可以逢凶化吉。

3．污染煞

污染煞可分为两种，一种为物质污染煞；另一种为心理污染煞。

（1）物质环境污染煞

这些煞是无法用植物或其它任何吉祥物所能化解的。唯一的办法是整顿居室，清除内外煞源或搬迁避之。

下面举几个污染煞的例子。

①声煞。如果噪音震耳欲聋，虽用多少植物屏风也无济于事。

②电磁煞。室内电磁煞，除非减少或分散电器，加上使用防辐射产品，其它化煞工具是无法解决的。

③臭煞。若周围有污染河水、臭水沟或成堆垃圾，虽香花遍布，也不能消除臭味。

④放射污染煞。室内建筑材料如果放射剂量严重超标，则成为真正的凶宅，必须改建或搬离。因为即使悬挂多少件吉祥物，摆放多少盆鲜花，也不能使凶宅变为吉屋。如果有人宣称能用什么吉祥物、化煞物使凶宅不凶，那就是欺人之谈了。

（2）心理污染煞

心理污染充满着整个社会环境，毒害着人们的心灵。心理污染来自有害的传说，诲淫诲盗的书刊、色情片、暴力片、恐怖片，一切歪理的影响，暴力、凶死、恐怖现场的刺激，恶习的传染等。

孟母三迁，就是为了避免恶习的传染。

有些青少年因为看了色情录像而导致犯罪。

一间出过凶杀死人的住房，多数知情者是不去租住的，主要是心存恐惧，就是因为受到心理污染之故，而不知情者则坦然住之。

当然也有相当一部分人是心态平衡的，他们“心正不怕邪”，“不做亏心事，不怕鬼敲门”。这些人虽然承认有邪煞，自认为有正压邪，故而不怕邪煞。而有的人根本不信这些邪煞，就更加不惊怕了。可以说，这些人就未曾为心理污染所毒害。

清除心理污染，除了清除污染之外，还要反复地、不断地进行分析、批判、启发、教育，最后才能化毒草为肥料。因为心理阴影、心魔、心病不是短时期能消除的。要很多的政治医生、心理医生、科学医生、各行各业的明白人配合电影、广播、电视、报纸、杂志、书籍等宣传工具，共同努力，长期坚持，才能逐渐消除心理污染。

（二）多种化煞工具

除了植物，一般也使用多种化煞吉祥物。

化煞吉祥物的品种有以下多种，如护身符、器、咒；古代兴盛朝代的金、银、铜钱，各种玉器、宝石、黄金饰品、古剑、古瓶。从吉祥动物形象看，有麒麟、狮、象、龙、龟、鹤、鹿、马、羊、鸡、犬等，这些动物作为化煞工具，都要面对门外或窗外之煞方。活动的动物有犬、金鱼、蜜蜂等。在农村家有燕子飞来作巢，其家必感吉祥如意。静物则有葫芦、宝剑、金钱、巨扇、花瓶、镜子、字画、笔砚、经书、佛经、佛珠、避雷针等。

以上各物其材质都不外乎**五行之材**。

1. **金**。可化木煞，也可以化三碧禄存星凶煞（属木）。金包括金、银、铜、铁、锡、铝等各种金属制品或白颜色物品。《兵法》用属金植物如白玉兰代之。

2. **木**。木可以化土煞，也可以化二黑巨门星凶煞（属木）、五黄廉贞星凶煞（属土）。木包括木、布、纸、塑料等各项制品或青、绿色的物品。《兵法》用属木植物如酒瓶兰代之。

3. **水**。水可以化火煞，面对火煞可以用净水一瓶化解。水化煞工具可用各家各户的水缸、自来水龙头、盛水的太平缸、各户的金鱼缸，都能用于化解火煞，也可以用黑颜色的物品化解火煞。《兵法》用属水植物如水葵代之。

4. **火**。火可以化金煞，也可以化七赤破军星凶煞。

民间家里的火塘、篝火，家里的灯光、香火，夜间路灯，打火机、火柴都是化金煞的手段。为了安全起见，一般家居常用红布、大红灯笼、大红塑料鞭炮以及其他红颜色的物品都可作为化金煞的手段。《兵法》用属火的植物龙血树代之。

5. **土**。土可以化水煞。土质化煞工具是很多的，名贵的如钻石、宝石、珍珠、玛瑙制品；一般的好陶瓷、泥瓦、砖石；玉石制品，如玉麒麟、玉马、玉圈、玉珠等；石头制品，如石狮、石象、石马、石龟、砖石宝塔、石亭等，都是古往今来常用的化煞工具。近来则把它们当作吉祥物和装饰物了。

从以上可以看出，化煞工具并不神秘。如在一个农家，家中化煞工具多的是，金、木、水、火、土，一应俱全，金有项圈、耳环、针、锥子、铲头、锄头、菜刀、铁勺、火钳、铁锅等；木有筷子、棍棒、耙子、蓑衣、草帽、葵花、年画、桌、椅、床等；水有盛水的水缸、水罐、水桶、水瓶、水壶等；火有炉火、香火、灯火、烟火、火柴、打火机、火明子等；许多农家并不懂什么是化煞，也未见有什么化凶神恶煞的工具，而那些凶神恶煞竟不敢上门寻衅呢！

总之，传统的化煞材料缺乏生命，以活生生的植物取代，可以取得建造良性的家居之科学优选方法，值得提倡。

各种化煞方式

玉麒麟化电磁波

梁角挂风铃化解装修天花板后角的煞气

床边挂宝剑以镇邪，实为平衡心态，增强自己的胆量与信心

植物作屏风

用植物化解铁塔释放的“波”

几千年来，人们都在寻找有效的**改场化煞之法**，但总是**各投所好，各施其法**。其中**夹杂了不少愚昧与可笑的成分**。

改场化煞有**善法**与**恶法**。通常恶法是你来我往，相互敌对，以刀对刀，以牙还牙，你镜我八卦。恶法动机是以损人为出发点，常被坏人导引成村与村械斗、人与人之间的世代冤仇，激发纠纷。这种行为损人缺德，应极力反对与禁止。

笔者主张**以和为贵**，即**善法**。如你对方放八卦和镜，我用有生命的仙人掌、龙舌兰；你用扫把与刀枪，我用兰花与发财树。其实化煞改场无非是为消除“驻波”反应的科学方法，采用**“植物作材料，作为匹配组件”可算是最佳最道德的化煞改场法**。

造场改场法很多，**有的一地一法，有的一地多法**。归纳有多种方法：

1. 镇法(挂吉祥物);2. 护法(驻波,组件相配法);3. 静法;4. 神法;5. 壮法;6. 符法(符号法);7. 移法;8. 色法;9. 塑法(栽法);10. 动(水)法;11. 镜法;12. 笼法;13. 迷法;14. 仿古法;15. 盖法;16. 屏法;17. 星阵法;18. 避法;19. 画法;20. 仿兽法;21. 改造法;22. 补法(如断翼蝴蝶补翅);23. 卦阵法;24. 披法;25. 仿洋法;26. 阻碍法;27. 毒法;28. 摘法;29. 堵法;30. 野法等。(其它方法在系列作品中再详细探讨)说明:其中部分例子是借用专家们的作品作归纳评析,*部分例子是笔者力作。

以下介绍部分**环境造场改场法**。

1.镇法

镇法,是用威严之物或吉祥之物将邪煞镇住,使之不能为害。

尊贵威严之物,运用恰当,既可改善气场,又可美化室内。更有上乘之法,就是配置有坚强生命力的尊贵威严吉祥之花卉。如带刺的玫瑰、仙人掌,似宝剑的君子兰,生命力强的龙骨、三角勒、虎尾兰等,都有化煞作用。有些家庭不敢养花,说运气不好,养的花死掉或枯萎,这说明家里煞气重,干扰大,就更要培养生命力强劲的花卉,镇住煞气。**一旦发现仍有枯萎现象,则立即更换或加强,以更新化解煞气之力量**。有些人家老少常有病魔缠身,除注意保健和治疗外,最好在室内配置吉祥之花卉,如南美水仙(属金),属肺经调整之物;竹芋类(属水),有吸尘和静化空气作用。吊兰、仙人球,特别金心吊兰是净化空气的能手,如果室内放上一两盆,可作空气滤清器。

用属火的龙血树以镇门宅保平安

广州某宅,开了西门与宅主人磁场不合(宅主人为1955年生,属离火,东磁场)。按《李氏绿色兵法》采用植物的镇法,即用属火的龙血树及开红花的蝴蝶兰摆放门口的屏风旁,以植物的五行之火克西门之金,取得气场的平衡,达到宅与主人的和谐。

2.护法

护法,选择一些高耸威严或坚实刚劲的树种,作为守卫护场之用,实际是调整组件匹配,解决驻波效应。

例一:西安某企业公司,在某一时期内,生意十分不景气。应邀察看,见其所开大门,人称其为“外鬼门”,且门口冲对大树(困字场),均不吉利。于是采用护法,用云杉作门卫树,气场迅速改变。该企业的生产和贸易逐渐上升,取得良好的效益,并扩建新厂,开拓新项目。

西安某公司云杉护大门

例二:深圳某单位办公大楼,居高临下,由两列“绿色卫士”大王椰子分植于其左右,气场变得格外庄严宏伟。下面种植黄素馨与福建茶作“裙带”,组成立体地毯一面。

大王椰子守两旁(深圳某机关)

例三：广州天河区某中心商场门前左右的大王椰子，恰似哼哈二将的守护神，为门前增添风采。大门开坎（属水，向北），大王椰子（属水）为对号入座和谐的生物场。

美居中心的护门树"大王椰子"（属水）

例四：某宅，房门左为青龙位，右为白虎位，各放有一盆发财树，作为护门卫士。但是在青龙位的发财树，老是多黄叶，显示青龙位煞气较重一些（见图），这表明它已为主人出力化煞了。

说明：发财树五行属木，此宅右边的一盆在北边水位（水生木），生机良好；左边一盆在金位（西北），因金克木故生机欠佳。可见植物是讲方位、讲五行生克制化的玄机。

同是发财树，左位受损多！

例五：张宅，用植物为卫士，化解对屋阳台之镜煞，用鲜花回应对方的挑衅。

鲜花护我消镜煞

3. 静法

公司、疗养胜地、工厂、学校、企业都离不开用林木花卉建造一个宁静的环境。

例一：深圳某电子厂，采用防火属金的水石榕绿化布阵，栽种后显得生机盎然而又觉十分宁静（见图）。

水石榕绿化，宁静又盎然

好一个宁静气场

例二：台湾日月潭是一处美丽的静景。远处群峦起伏，中间是喷泉动景，近处有风雨廊架、松、柏、台阶、地台与成片嵌砌花境，构成一个以静为主，静中有动的优美园林空间。好一个宁静的气场！

4.神法，又称精神胜利法、心理平衡法

神法，依靠信仰的吉祥物、信息物等力量排除煞气。此法在民间普遍应用。

这是一种信念的精神力量，心诚则灵。这法对某些胆小的人确实可以起到心理平衡的作用。胆气一壮，什么“驻波”、什么煞气，也就自然经受得住，易化解了。

从气功家们研究来看，某种良性意念信息物是能够对抗不良信息的。

南海西樵山黄大仙景区之“精神胜利法”实施景点

5. 壮法

壮法，采用各种十分气派的形象手段，壮大声威，气场一壮，发达兴旺。

例一：某酒家，换了九个老板，生意仍是冷冷清清。自从红灯高挂，气场调整后，声威大震，生意一跃而上。何以红灯高挂，生意就红火？因为酒家属土，红灯属火，原来是火生土之吉祥合局。如果门前屋内多设置红花（火）、黄花（土），生意会更为兴旺了。

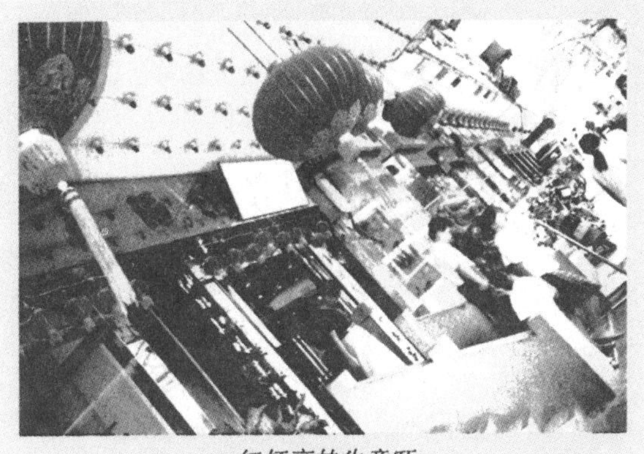

红灯高挂生意旺

例二：某居民区居民，多有犯古怪病，经调查该区原是法国育婴堂旧址。解放军进城时，发现有育婴堂内修女挖下的几口大井，婴儿骷髅数以万计，惨不忍睹。自是其不良信息导致居民不得安居。居民区以及幼儿园用植物、鲜花化煞，收到了良好效果。

花木能解骷髅恨，绿化能使民安居

幼儿园里鲜花艳，鲜花化煞幼儿欢！

例三：某新建大厦，是用气场壮法布局一例。大厦（属金），挺拔入云霄，气势宏伟。大门上有太极反射镜，光彩夺目。居高临下，似虎口张开，气势凌厉。大门及大厦色（属水），门向东，门前左右有树，纳东方之木气（属木）。可以说，大厦是一个金生水、水生木之格局。

剑挺入云霄

虎口势凌厉

6. 符号法

符号法，利用符号的功能或天然符号植物进行化煞的方法。

例如，广州某厂对面有间民宅，有个风水师指点安放了一把刀形之物对着它，该厂欲想法化解。笔者建议用符号化解。在对应的天台上修建了一个“＿＿┌┐”形花架（其形似问号），用藤本花卉植物缠绕其上，生长繁茂，气势蓬勃，化解了对方的煞气，不伤人又利己，终于化干戈为玉帛。这就是天然植物符的妙用。

7. 移法

移法，移开冲位，面向吉位，这就是移法之精髓。

移法是最不花钱，最不费事，最简单易行的方法。它是不移屋、居室、办公室，只移动一下床、桌、台或保险柜之位，便能够不生病、不惹气、不出祸、不亏损了。

如何选择吉向呢？常用的是根据《八宅明镜》，按男、女命以定出属东四宅还是西四宅，这需要有点专业知识。

现在介绍一个简易的方法，名为“鲜花选向法”。由主事人本人确定可能摆放的几个方位，购置同一种鲜花，分摆于各个方位，最吉之方位，鲜花必然开放不衰，其它必然早早枯萎谢去。

下面介绍几个**移法**例子。

例一：顺丰龙港度假村，由于企业不景气，请去踏勘。踏勘后，根据所发现问题，建议作以下的改进：

（1）大门需要改造，我用鲁班尺量度，原门宽120cm，为死绝之数；门高205cm，为灾至之数。应改为门宽90cm，为六合之数；门高改为198cm，为富贵之数。

（2）办公室的办公台，原为对冲大门，应移开冲位，面对东方。

（3）原办公台后靠近厕所，改为离开厕所。

（4）调整财务位。

生意不景另找财位，不到一个月，多次邀请前去作客。他们说：最近情况有好转，特别是经过你们调场以后，生意一天比一天好起来，鱼苗场的鱼死亡减少了。

例二：某大厦写字楼之财位及保险柜均摆置不当。财位应放在旺位，何处为旺位？有说白虎位，有说青龙位。李教授（本人）认为：财位应位于隐蔽处，财不可露眼，如果保险柜口向着大众，有失安全。

财位隐处莫冲厕，主命相配紧靠官。

与主人磁场相配，可增强自信感。财务要靠近老总室，所谓财要近主要领导。财位隐处莫冲厕，主命相配紧靠官。

例三：某公司经过调理气场后，获得速效，而财务位的改进，也是主要因素之一。如把财务科长的办公室移至生位，并用吉祥物、八角钟、吊兰、龙骨、绿萝改场，尤其把开门即见的钱柜移于隐蔽处等。

兰(吊兰)、萝(绿萝)、龙骨引吉祥

财(位)移生位兆丰收　　广昌公司调场　　钱柜隐藏始安财

8. 色法

色法，用五行之色调气场。

颜色，能够通过视觉影响人的生理心理活动。

对于颜色各人喜爱感觉不同，但是当颜色进入五行生克之中，它就产生不随人们意志而转移的力量。遇到相克之色，就会罹病、衰败、亏损。所以对于颜色，不是随意可以掉以轻心的。

从下面事例就可见色法之重要了。

例：招牌颜色与所经营企业性质十分相关，如某家具商场，有4平方米大字招牌。家具生意属五行之木，其招牌蓝色属水，水生木，兴旺之相。招牌字红，属火，木得火，乃是吉祥之布局。又如某酒店，从事饮食业，属五行之土。招牌黄色属土，字红色属火，火生土，为吉祥兴旺之合局。如果两家门前配相应之有生命的花草，则会更有生气。

水生木，家具商场旺　　火生土，饮食行业佳

9. 塑法

树作“蘑菇”迎佳客

塑法，塑造有生命的绿色雕塑，既改善生命气场，又更具艺术观赏性。绿色雕塑十分丰富多彩，它是古今园林工作者或业余爱好者的辛勤结晶。

盆景，是一种植物的艺术塑法，是**“无声的诗，立体的画”**。

修剪的灌木篱墙，是公园中、庭院内达到整齐划一的塑法。

树木造型塑法，有作圆形、作伞形、作迎宾形等，在一般大型公园多有之。

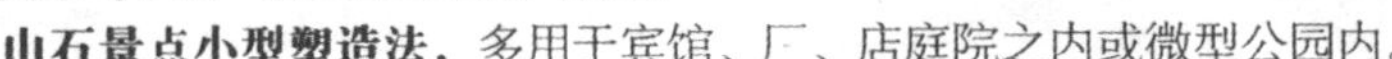

山石景点小型塑造法，多用于宾馆、厂、店庭院之内或微型公园内。

花木造物塑制，如做成狮、象、熊、马、齐天大圣、天女散花、万里长城、五彩牌楼等物形象，一般在节日时公园内，马路边多有之。没有生命的金、石、木雕，在周围配置花卉植物，就使无生命的雕塑富有生趣。它常竖立在城市通衢大道旁、城市广场中和公园、学校、纪念馆之内。

例一：某疗养院设计一块无花粉污染、无植物过敏的疗养胜地。首先塑造一个“麻姑献寿”雕塑，寓吉祥如意，立于院墙中心，也补充了无中心的空（凶）象。另采用假槟榔（属水）作君树，松柏（属木）作臣树，黄素馨（属土）作宾树，以天冬、台湾草作从树，烘托周围环境，成为一个优美清新的疗养胜地（见图）。

广州工人疗养院塑法的应用

万里长城振人心

例二：在首都国庆三十周年大典时，首都园林工作者用五彩缤纷的鲜花（合五行相生之理）塑造一个立体的“万里长城”，表露了广大园林工作者热爱祖国的心情，它展现在雄伟的天安门广场上，威严挺拔，气势磅礴，而又富丽辉煌，动人心魄（见图）。

例三： 深圳市某广场的中心位置，塑置了一个立体太极图，阴中有阳，阳中有阴，符合周易"一阴一阳谓之道的哲理，有较高的思想性和艺术性。虽然不是由植物塑制，但也体现了包括植物的万物之本源了（见图）。

太极阴阳万物源

10. 水法

水法，是寓水生木之法以完善气场或用水克火之法以维护气场。

修建喷水池使风景优美，气场好，但都是离不开周围有树木花卉的。特别喷水池与防火的植物能组成环保、防火、美化三功能的水景气场。水法，以水为主体组成的美好气场，更富丽多姿，动而生色。

太极喷水池，花坛来相配。

例一： 深圳平湖区某公司，门前有太极喷水池。把四分五裂的中心空置地修成完整的一个花坛。大门内摆一列防火植物盆栽作为植物屏风，既具化煞作用，又美化了环境。

例二： 云台花园风景如画，是广州闹市中一片绿洲。其中喷水池景，摇曳多姿，使花园呈现一派生气，喷水多姿人欢笑。

云台花园

例三： 在玻璃屏幕前广场，出现了一束喷泉，底色蓝黑，衬托出玉色水柱，仿如芙蓉水中出，显示了水法的动态美。

玻璃屏幕喷泉

11. 镜法

镜法， 应用镜的反射光波之力，以化解外来之煞气。

按五行而论，镜属金，除火之外，镜均能化解之。如果煞气实属一种不可见光波，镜均能反射出去。所以民间都应用镜子来破。你窗门挂镜，我窗门也挂镜，常常引起邻里间心中不满，所以倒不如大大方方以吉祥鲜花相向为好。

镜子在室内使用或在外面用以反射阳光、防暑降温、扩大空间，消除压抑、那是不妨使用的。但是镜法应用要慎重,不利于和睦的镜法改鲜花和睦法是文明的措施。

广州云台花园中的温室，为什么建成的屋顶向西倾斜？因为南方西斜日照强烈，为防西晒，把温室的顶建成45度倾斜角，像镜子一面，以反射西斜日照，使屋内温度改善。这种镜法，也可称为切法或斜法。

顶斜如镜抗西晒

12. 笼法与迷法

笼法，是设笼擒鸟，设网捕鱼，设瓮捉鳖之法。

迷法，设置异象，缤纷色彩，动听的语言和音乐，使人产生心神迷乱的心理效应。

例如：澳门某大酒店，结构如笼形，含有笼擒飞鸟之意。在这个大赌场中，每天进人数以千计。这些人一掷万金，如同飞鸟难以逃脱。我们看酒店的墙是黄色的，周边白色，鸟笼又为圆形，均呈土生金之象，大利于笼主，怪不得鸟儿飞不出笼了。

13. 仿古法

仿按古代园林手法，将花、草、石、湖、舫、廊融为一体，塑造有中国古色的特色园林。这种古园林气场，如融融春日，如秋月良宵，最能消解人们的郁闷躁狂之气。

例一：某宾馆，后院建有一座小型的古典园林，亭、廊、水、石在花木掩映之下，清幽典雅，可以牵动和消解许多他乡游子的离别情绪。

例二：东莞某宾馆，馆内建有一个微型的古典园林。配置精巧，有龙墙、小路、花架、游廊、小坡、花丛，真是一步一景，步移景换，小中见大，曲径通幽。墙外是热闹的马路，墙内却是一片清闲的世界。

例三：中国古园林何以多用圆拱门？除开美学原因外，还有圆形拱门所释出的微粒子波与人的波最接近，人在其间通过，感到十分舒服。这是中国古园林的特色，也是前辈堪舆学家、建筑学家的伟大杰作。

澳门葡京贪鸟难飞出牢笼

珠海宾馆清幽典雅，牵动游子心！

一步一景，步移景换之古典园林造园法。

九十寿星喜园门

14.盖法

盖法，将不利之物用花卉植物等吉物覆盖，或经盖后，防止外煞侵袭。遮盖是人们一种防卫本能。盖法可以起到防护和抑制作用。

广州中大宿舍区爬墙虎上墙防晒又降温

例一：某大学宿舍区，引爬墙虎攀生，蓬蓬勃勃，覆盖墙面，防止太阳西晒，起到以阴调阳的作用。

例二：某计量所，大门右侧装置一个中央空调冷却器，颇不雅观。于是用属阴性而又耐冷的崖角藤与龟背竹遮盖。它们的生命力很强，枝叶繁茂，既掩丑扬美，又能化解那几根水泥柱产生的“驻波”效应（见右图）。

崖角藤、龟背竹掩大柱、化驻波

15. 屏法

屏法，用植物屏风或建筑材料屏风挡住外来煞气，保持室内良好气场。

古代富人之家或现代的宾馆，多有用屏风装饰于室内厅堂。屏风，一则用以挡风；二则分隔空间，用以挡住视线，以免一览无遗；三则可以作装饰品。实际上，**作为维护室内气场来讲，它有阻挡煞气的作用**。一般家庭来讲，多有用布作屏风的，推而广之，布作的门帘、窗帘都有这些作用。

例一：古雅之屏风，其为人造实体符。屏风上的花鸟虫鱼、山水人物，有怡情养性的作用。**屏风曲折有致，也可化解驻波**。这就是屏风所以有化解、避邪（特别是风邪）、**调解气场的作用**。

但是，比较强烈的外来干扰（所谓煞气），便要用植物组成屏风来阻挡了。**有生命力的植物作屏风，可以摆在厅堂之内，也可以设在门前挡煞**。

古雅屏风

例二：如若煞气重，也就是"驻波"反应强烈，一般屏风是挡不住的，就不如用植物屏风富有生命力了。如某公司，开设东门，遇门前柱冲（有驻波反应）。曾花数千元搞玻璃屏风，因煞气大，乃改用植物屏风，如同卫士昂然挺立。

从五行来说，门前坚硬之柱，属土属金，既用植物（属木）克土，也由于植物枝叶柔和如水波，合其金来生水，也有利于人，柱冲也就无能为力了（见图）。

大（东）门遇柱冲

植物屏风挡柱冲

例三： 某园林招待所，**用塑石与植物组成太极花坛屏风**，达到既阻挡煞气又能掩丑扬美之效。

某招待所

例四： 海南南山旅游区，用五行属火属土植物组成孔雀开屏的植物屏风。

例五： 深圳某宅，用植物作屏风挡煞。先用金脉爵床（属土），没有几天就干萎了；后用棕竹（属水），没有几天也光脚落叶。看来煞气太重，怎么办？建议改用生命力强的植物，如**仙人掌、龙舌兰、虎尾兰、仙人球**类作屏风。

植物屏风勇献身

屏风挡门成吉向

例六： 深圳某宅，其主人属金，是西四磁场，但开的是东四宅门，用屏风改场，因为屏风挡住进出之向，而旁行吉向。并在门的青龙位以发财树驻守，更使气场和谐。

16. 星阵法

星阵法，是按天上星座布场以化煞改善气场的方法。

例一： 珠海某单位，为防止火灾事故，用李氏植物天心图布阵，广植花木，葱茏繁茂。1987到2005年，十八年无事故，实有玄机在其中。

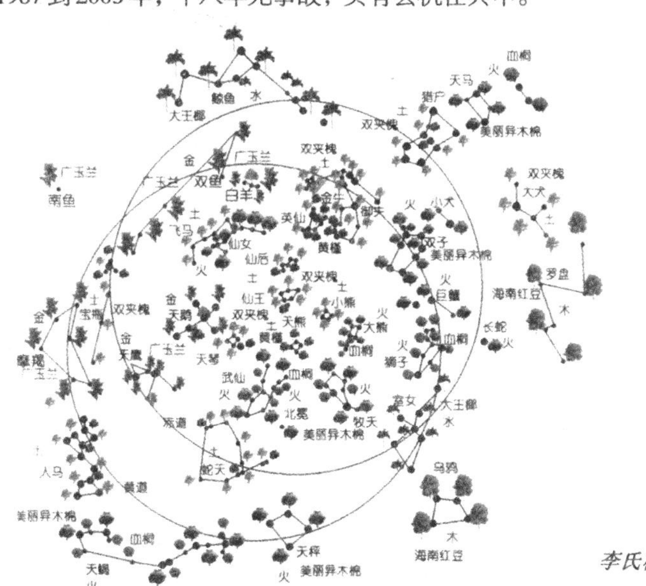

李氏植物天心图

17. 避法

避法，避开各种影响气场的煞气。所谓趋吉避凶就是避法的使用。

18. 画法

画法，用绘画或悬挂壁画以改善气场，特别是用立体画，即**山水盆景或植物盆景以改善室内气场**。

植物盆景，这是立体的画，置于室内更能把室外阳光生气引进，有益身心健康，同样又能化解煞气，美化居室。

例如： 黄先生家，天台广置盆景，轮流搬至室内，面对盆景，修剪维护，修身养性独得其乐，现黄老寿登八十有余，仍然身心健康。

画，如同一个聚气之场，很多环境学家认为画可起符的作用。好的画有驱邪镇煞作用，可以作画治病，不好的画则导致心神不宁。

贴画是我国家庭常用的装饰室内之法，最低限度也要用两张年画贴起来，增添节日喜庆气氛。

黄府天台部分盆景　　黄府室内盆景

19. 仿禽法

仿兽法，采用珍禽异兽的形象，建造具有吉祥如意内涵的建筑物，达到化煞改场，产生较好的气场效应。

这个单位建造的门楼呈左高右低之形，名曰“金凤抱蛋”。门楼两侧青龙白虎得体，主楼虽不高，但呈“/”弓形向外凸出。白虎位有金盆接水，寓财源广进之意。其构思新颖，色彩和谐，是成功的仿兽法之一。

金凤抱蛋，财源滚滚来。

20．改造法（抗污还绿法）

改造法，采用疏导、改造、分解等办法，消除污染、改变环境。

例如，广州立德粉厂其硫酸车间周围不易绿化，原因是飘尘多，种草难生。于是选用了有抗污染能力的树木，如六棱柱（仙人掌科）、巴粟木（发财树，木棉科）、苏铁（苏铁科）、缝线麻、金边龙舌兰（龙舌兰科）、高山榕（桑科）等，一年内出现绿树成荫的新面貌，改变了厂区环境。

21. 补法

补法，将有缺陷的气场，用植物生命场去补充、完善，重新创造好气场。

有缺要补。形不对称的要使其对称，地不平整的要使其平整。路不微曲，直对大门之路要使其微曲，不然直冲气流（煞气）有害屋主的健康。但若住在巷之尾或过道之尾，是不能将道修曲，可在门外摆化煞之树或吉祥物，或屋内摆上“植物屏风”。

有断要补。原是完整之地、完整之物，若有断裂，要速为补正。如深圳横岗内侧大楼，位于山坡处断裂层。该楼无人敢住，人住就病，成空楼一座。化解之法，在楼的周围围种一圈植物，便可化解凶象。因为断坡处通公路，不可能再填满了。

凡凸凹之形（如院墙）要补成方正。原为方正之形（如大门），变成歪邪，或呈上窄下宽，或呈上宽下窄，要补成方正之形。

有空要补。有些院落，其中心空（空、凶也），要补中心。室内如一壁太空，荡然无物，要补充物，以助美观。

以上，在外形补正之后，要适当加摆盆栽植物或在广场门之两侧摆放或栽种植物，补充完美气场。

例一：一般商店、旅馆、多房的室内，如有空白空间一面，便可放置有生命艺术盆景作为补充。那些生命雕塑，缩龙成寸，虬曲苍劲，点缀室内，妙趣横生，其气场可使人神清气爽。

把出门路修成弓形

例二：某单位门前有一条直交公路，常出车祸事故。公路是不能变动的，只有把自家门前的直路修成弓形，自此以后，就再没有发生车祸事故了。

例三：某市花园大楼气场有

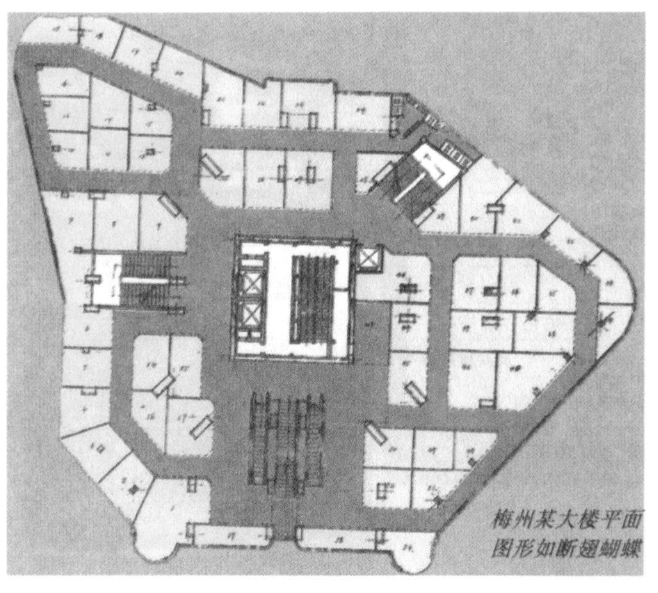
梅州某大楼平面图形如断翅蝴蝶

缺陷，其俯视平面图有如断翅蝴蝶飞不起来。欲使售楼生意旺起来，自应将断翼的地方补充完善。我是采用绿化方法进行补充完善的，即补植榕树，铺草坪，开园林小道，建一座小型花园，成为蝴蝶新生的一翼，给其注以新的生命力，也就是新的气场，使其翩翩起舞。

秋雁南来

例四： 广州某酒店后庭有一个小小花园，有树丛、草地、散石、池塘，但是室内哪能有千里飞行的雁群呢？别具匠心的设计家们，居然在30多平方米的白色墙壁上塑造一行行南来的秋雁，与园景相配，互为补充，相得益彰，似乎把内景搬到室外去了。难怪来宾见到这一奇景，都百般赞美，说该酒店内庭的“风水真好”。

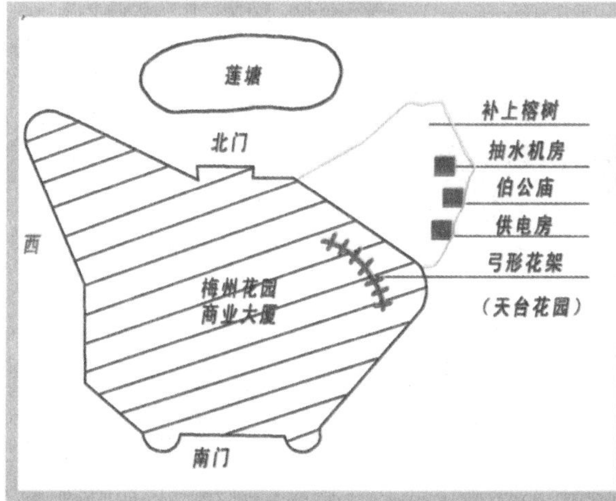

另外：1.把大门改向北，接塘水之气；
2.清疏鱼塘，把死水变成活水；
3.按群众习俗，把拆了的古迹修复；
4.天台花园平台上修弓形花架。

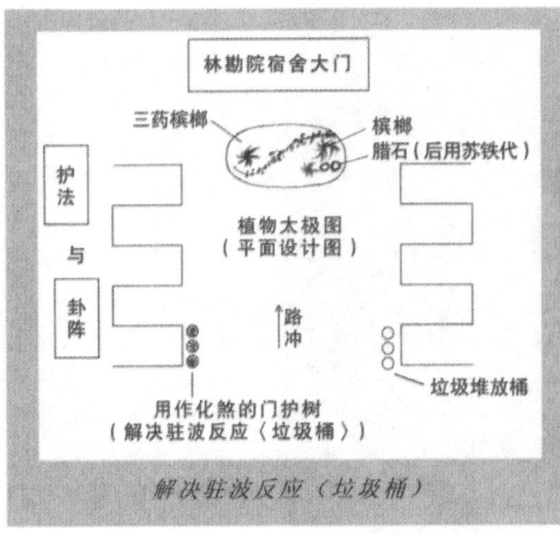

解决驻波反应（垃圾桶）

广东省林业勘测设计院太极花坛

22. 卦阵法

卦阵法，将建筑物或花木按太极图、五行图、八卦图布成一个卦阵，造成一个良好的气场。

例如：广东省林勘设计院，其宿舍大门正对路冲，在门前建花坛一个，花坛内按太极图形栽种植物，用腊石、假槟榔、三药槟榔、带刺的三角簕、龙骨、苏铁、红铁、棕竹等组成一个别开生面的植物太极图。

23. 披法（木克土法）

披法，种树，大面积植草，改造黄土、流沙之地，使环境披上绿色新装。

这种方法广泛应用于大面积厂矿企业和公园之中，实是保持水土和改造土质的重要一着。方法简单，作用大。

珠海石景山旅游中心绿化前，黄沙漠漠跑马场（1982 年现场摄）

例一： 珠海石景山旅游中心，1982年前，其跑马场一片黄沙漠漠，经采用披法，植草绿化，成为绿草如茵的、当时全国最大的台湾草草坪(6000平方米面积)。另外在马路旁栽迎宾树，在山上栽防水土流失的树木草皮，使石景山荒芜之地成为旅游胜地。

种树抗风保水土(1982年现场摄)

例二： 某公司旁边山上不长草木，且墓地累累，山坡黄泥往下泻，经过用五行合局的植物，分层分级绿化，固土挡煞，山坡上栽树种草，制服黄土与流沙，面貌焕然改观。

山坡黄泥往下泻(1996年现场摄)

植草种树面貌新(1998年现场摄)

24.仿洋法

仿洋法， 按西洋方法建造庭园，具有工整划一、色彩浓重、错落有致、对称和谐等特点。

但不管中国的仿古法还是仿西洋的洋法，其树木花草，都需暗合五行之局。

下举数例，可见一斑。

例一： 广州的草暖公园，如同闹市中的一颗“绿宝珠”，是比较典型的洋法公园，看那热带特色的植物，那绿草如茵的草坪，那如烟似雾的球形喷泉，那平整倾泻的杯形瀑布，在显示出如西洋油画中的浓重笔调与色彩。虽然如此，那小巧玲珑的秀貌，回环有致的体态，也受到中国古园林的影响。

草暖公园仿洋法

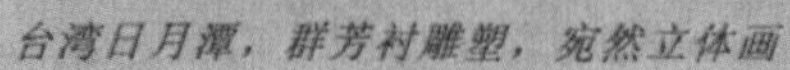

台湾日月潭，群芳衬雕塑，宛然立体画

台湾日月潭，风景美如画

例二：台湾日月潭，是按洋法设计，而又内含五行之局。公园背后山峦起伏有势，树木苍郁，宁静大草坪与五行花木相配。其中有圆柏（木）、黄菊（土）、红菊（火）、白菊（金）、龙柏（水）。配上周围雕塑艺术品，宁静和谐，好一幅立体西洋图画面。

例三： 右图是云台花园中另一座小洋房，坐落在小山坡上，修有弯曲台阶，斜坡上散布植物花丛。所植龙船花属火，黄垂榕属土，乃一相生之火土局。

小屋花丛常相伴

25.阻法、毒法、摘法与堵法

阻法，用密集的林带以阻挡强烈的煞气。对于天堑煞或大风沙要用密集的乔木为林带，才能化解。一般的屏风、符法、星阵法都是化解不了的。

毒法，用有毒的植物以毒攻毒或无毒植物用以解毒，达到人类健康或环境净化（如用寄生的兔丝子对待入侵的恶草，薇甘菊）。

一切无毒植物，对潮湿空气，都有解毒净化作用。某些水生植物对污染之水质有净化作用。还有某些有毒植物可以用来消灭农作物的害虫和消灭蚊蝇。另外，还可以用对癌症有治疗作用的植物布场，绿化肿瘤医院。

摘法，是将有害之物摘除。但如果此有害之物为他人之房屋上者，必须取得对方同意。

堵法，对不吉之物堵塞之，使无从为害。

26.野法（回归自然法）

野法，塑山造水，种树植藤，引来山野自然情趣，产生气氛清新、生动活泼的气场。

这种方法是针对高楼大厦、“石屎森林”所形成的石煞，使人们产生压迫感、僵硬感、麻木感，进行化煞的方法。如果修建高楼大厦，法定大厦之间应保持相当的距离，每个大厦必须建造一角公园绿地，成为其建造环境的一部分，自可减轻居民因“石屎森林”而引发的疾病。至于要清除整个“石屎森林”所造成的狭谷效应，则本法更不能解决。而要通过种植高大的乔木、密集的灌木群，组成一个较大体的植物生物场，才能化煞改场。这种工作就牵涉更大了。

宾馆、酒店采用的野法，能使旅客心情舒畅，宾至如归。

例一：广州某酒店，其后庭建有小巧园林，有如在“石屎森林”的缝隙中现出葱翠景色，一改大厦所造成的呆板沉闷气氛。

若非妙手出花笔，哪得大厦野趣生！

例二：满山“石屎”，更需植物化煞。华南植物园位于缺水的地质环境，利用植物化煞，已成为鸟语花香的乐园。这里石与植物融成一体。科教区，一块形状不整的顽石，在一大一小的龙尾草相偎之下，顽石显得有了生命。虽说古园林有草配石手法，但本来就长在郊野外，更显野趣横生。

山石镶嵌在绿丛中相映成趣

二、“李氏绿色兵法”植物造场方法

“李氏绿色兵法”植物造场应用在园林绿化规划设计中，方法有数十种之多，归纳起来有**单法**和**复法**。现分别介绍部分方法。

1. 单法造场

疏法、导法

疏、导两法常一起用，往往用于园林道路两旁，使用高、中、低的绿墙、绿篱、中心花坛，配合导游牌，对游客进行疏导。如把广场的人流分散，化整为零，使用五彩大红花、黄连翘、福建茶、小叶女贞、美丽丝葵和兰花等等。

山茶花　丝葵

金道露兜树（露兜树科）

鱼尾葵（棕榈科）

截（堵）法

使用绿色的植物或者有刺的植物阻止游客通过，成为一道屏障，采用竹树（竹亚科）、露兜树（露兜树科）、鱼尾葵（棕榈科）、青铁树（龙舌兰科）、簕杜鹃（紫茉莉科）。

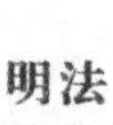
绿萝

实法

栽种植物的密度大，选取植物的材料充实，又分高低层次，如在大叶榕下栽种桫椤作“衣”，水蕉作“裙”，沿阶草作“脚”，树干又挂吊巢蕨，又塞入黄色的巨石，再引攀藤的绿萝缠绕其间，可谓琳琅满目。

明法

建造色调明快的空间，采用叶子有光泽的植物，如亮叶猴耳环（豆科）、白鹤藤(Argyreia acuta Lour.旋花科)、蔓胡颓子(E.glabra Thunb.胡颓子科）及在海边红树林与胎生植物伴生的光叶海桐（海桐科），或者浅色叶子的星光银榕（桑科）、银叶菊（菊科）、玉芙蓉（菊科）。

银叶菊

矮法

把高大的植物作为庭院的入口，远处栽种低矮的植物，就一目了然，达到矮的效果，如华南工学院邓教授院子，用簕杜鹃织成高大的花门，穿过花门见到的是一盆盆的花卉，从高到低就感到矮得可爱。

簕杜鹃（紫茉莉科）

南岭广东松（松科）

迎（呼）法

南岭特产广东松，它根扎大地、身靠林海、长枝飘逸、招手迎客。园林造景选树，一组高者伸“长手”（长枝），一组矮者伸“短手”，如母子相呼应，为呼为迎。也可用两石造景，两石双呼，如爷孙相呼，也是迎（呼）法。

梅 兰
菊 竹

聚法

把几种花草植物栽在一起为聚法，此为园林常用之法，在石旁栽种竹子，造成竹从石中生。在梅花旁栽种兰、菊、竹，称为“四君子”。

冷法

就是用**冷的植物材料**摆设家居和摆场布阵。如香港一些宾馆，夏天采用翠云草、花叶山指甲、箭叶凤尾蕨等配以滚动的风水球、白石造成的水境，配以耐空调的散尾葵，取得炎炎夏日透清凉之效。

五行属金的植物——白色园林属冷性植物材料，有凉化作用。

花叶冷水花（荨麻科）

花叶山指甲（木犀科）　花叶凤尾蕨（凤尾蕨科）

热法

用**热的植物材料**摆设家居及摆场布阵。如在新疆乌鲁木齐零下40摄氏度的空间去调整气场环境，用热法造园，摆属火的木冬豆、贯叶忍冬、紫花毛地黄等植物配以“红豆迎春”、“花开富贵”的图画，加上有一定热度的光照的红炉火，使北国呈现江南的情调，有强心驱寒之效。

五行属火的植物——红色园林属热性植物，有热化作用。

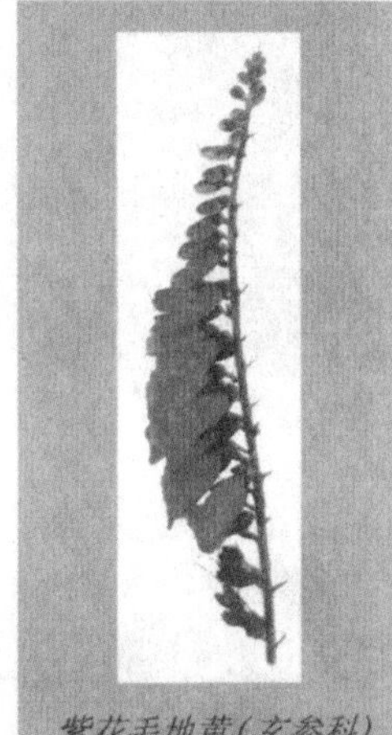

紫花毛地黄（玄参科）

贯叶忍冬（忍冬科）　木冬豆（豆科）

青皮垂柳(柳科)　　天轮柱仙人掌（仙人掌科）

刚（硬）法、柔（软）法

刚(硬)法是用仙人掌(仙人掌科)造就刚正不阿，昂然挺拔的气质；至于**柔(软)法**就用属水的植物：柳树及攀藤的植物，表现柔情似水的情调。

黄边假连翘（马鞭草科）

远法

把矮的、浅色的植物放置在远处，把空间调节为深远。如把浅色的黄边假连翘等明度高的植物，修剪成球状放置在远处。

近法

把深色的、高大的植物放置在近处，所用的植物如菠萝蜜、榔榆等明度低，可达到近的效果(把远法、近法一起使用，效果更佳)。

榔榆（榆科）　　菠萝蜜（桑科）

塑法

院门用福建茶编织成一道绿色的拱门。

华南工业大学邓教授家的院门独具一格，呈现生机。

屏法

海南省南山寺旅游区入门的孔雀开屏造型的植物屏风，它把入门的视线屏蔽，产生两种艺术效果，一是避免一眼看穿，增加景物的神秘感；二是进行空间分割，产生景观的动感。

2. 复合法造场

藏法

把让人注目的景物隐藏在植物群从之中，把人的视野浓缩在一个焦点上。此景是美居中心D座中庭，用藏法应用高低有层次的乔灌木、桃花心木、榕、旅人蕉、桫椤、树蕨等五行植物组景，把电梯底不雅景观隐藏，达到掩丑扬美之效。(2002年夏初栽植之施工效果)

迎法

美居中心D座中庭用蜡石配鸡蛋花、木桫椤、观音座莲、树蕨、榕等组景，主题立意为“恭礼迎客”，特别选用弓形鸡蛋花，笑容可掬以迎客。

符号法

用黄连翘(土)、大叶红草(火)组合成(火生土为相生)井字馆徽，象征吸取知识源泉。

趣法

番禺广昌公司园林绿化设计中应用“趣法”，立意以“趣”为题，在草地上点缀灵龟与一窝蛋，引发天人合一，人与生物环境之和谐，求取吉祥如意之意。

翠蕉雅石（美居中心D 座中庭）

恭礼迎客（美居中心D 座中庭）

广东省立中山图书馆的天台绿化之馆徽花坛

番禺广昌公司草地

裙法

应用《李氏绿色兵法》之“裙法”，即穿衣加裙子之绿化园林手法。此景在属土的金百合竹下配以属火的花叶芋，达到两个目的：

1.把露脚的金百合竹不雅掩盖；

2.红与黄为火生土局，符合易理之五行和谐。

摄于花都绿回花木园艺公司

粤晖园门标

石法

粤晖园门标，以五行属土的整块黄蜡石上镶刻“粤晖园”几字作门标。

水法

流水与人物雕塑配合布场有画龙点睛之效，让人耳目一新。

粤晖园中——“情溢珠江”一景

“南粤胜景”为粤晖园成功之一手法。

石木法

以石和植物组景之法，在竖立的花岗石柱刻上文化内涵画图浮雕，以南洋杉作背景，配以红刺林投、斑兜、花叶万年青和红杯凤梨，分层次组成软硬刚柔兼有之美景。

粤晖园之古船舫“画舫枕碧”

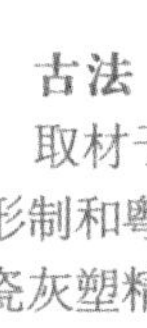

古法

取材于岭南古典庭园的传统形制和粤中民居，汇砖、木与陶瓷灰塑精雕细刻，再镶嵌套色玻璃，风火墙上装饰精美景窗，屋顶正脊用传统灰雕。船厅周围配兰草、盆景，船厅内明式学具，盆栽、古玩、扁额、对联，古色古香，清幽雅致，韵味陶然。

飘法（垂法）

在红色砂岩之文化石壁上，引种葫芦瓜，吊挂猪笼草、银斑绿萝、苦苣苔（口红花），在墙上，嵌植鹿角蕨、蝴蝶兰，地上配以舞兰以呼应。这是立体绿化又称为垂法。

粤晖园一角壁石垂缨

椰林护宾

护法

珠海石景山旅游中心入门景，以亭亭玉立的大王椰子列队夹道迎客，林阴呵护有加。

配法

在草地上以棕榈植物为主体配以银海枣、泰国榈、凤梨科植物，分层次配植，以有色彩的植物配无色彩的乔木，互相配合衬托和呼应。

花岛椰影

色法

用色彩艳丽的大红花（锦葵科）的桔果、银叶女贞（木犀科）、鸳鸯茉莉（茄科）、几内亚凤仙（凤仙花科）、花叶假连翘、假黄连翘（马鞭草科）组成红、黄、白、绿各种颜色，互相交错，五彩缤纷，十分夺目，使人耳目一新，达到赏心悦目之效。

粤晖园（平面图）

珠海石景山景点

点睛法

在一块石上刻字，用挺拔红棉与石景相映成趣。

黄埔吉山仓库（301仓库）

去砼还绿法

凿开水泥地板，建池，种植植物、铺草绿化。

广东省立中山图书馆以绿色植物组场消除光污染

木克光法

绿树有效地消除光污染。

广东省立中山图书馆

掩法

沿墙基水管种植大红花为绿带，掩丑扬美。

金包银法

用属土和属火植物掩盖难看的水管。

镶金嵌玉法

左旋梯先见梯底再上楼为不雅，故用棕竹（水）掩之，且此为东南巽位，宜用水生木，取得生机。

暗法

在勒克斯光照度10度以下，用耐阴能力较强的植物——蜘蛛抱蛋（百合科），布置在阴暗的室内，以旺生机。

追法

用植物配石造景，一组大的群体在前（母鸡），后有散立植物群体（小鸡）追随而上，此为“母鸡带小鸡，小鸡追母鸡”的意境奇趣，此法日本庭院常见，景中见一大石向前倾，后有几小石追随而上。

广州天河区某服装厂绿地

荷花玉兰（木兰科）
乐昌含笑（木兰科）
九里香（芸香科）

三、植物造场的建设材料

植物造场，讲究选用合适的树木花卉，适地种植，下面按阴阳属性，各介绍多种用材。

五行属金的植物

1.荷花玉兰(Magnolia grandiflora), 木兰科，**阳性，属金**。

本种树姿雅丽壮健，叶大浓郁，叶面终年光泽亮绿与背面褐色茸毛相映成趣；春季开花，花色洁白如玉，中间衬着多数紫红色的雄蕊，色彩调和，美艳照人。普遍栽于庭园或作行道树，气质高雅。喜光，喜温暖湿润气候，适应能力强。耐寒，不耐瘠薄，不甚耐干旱，抗风力颇强。抗大气污染及吸收有毒气体能力均较强。

2.乐昌含笑（Michelia chapensis Dandy），木兰科，**阳性，属金**。

本种树冠呈圆锥状塔形，四季常绿，花期长，花多而美且带芳香，在庭园中，单植、列植或群植均有良好的景观效果。喜光，喜温暖湿润气候，生长迅速，适应性强，抗大气污染并能吸收有毒气体，耐干旱。

3.九里香（Murraya exotica L.），芸香科，**阳性，属金**。

本种树姿态优美，四季常青，花期长，花多而密，芳香四溢，花后结出红色的浆果甚是艳丽夺目。为夏秋季观花、冬季观果、四时观叶的木本花卉。被广泛植为庭园风景树、绿篱或作道路隔离带植物。喜光，喜温暖适宜高温湿润气候，耐半阴，不耐寒，也不耐干旱，抗大气污染。耐强度修剪，可作各种造型和盆景。

4.柠檬桉（Eucalyptus citriodora Hook. f.），桃金娘科，**阳性，属金**。

本种树干通直，树姿婆娑，树皮片状剥落，剥落之后呈灰蓝色或淡粉红色，十分光滑，独特而富观赏性，有“林中仙子”之称。为良好的庭园风景树和行道树。喜光，喜高温湿润气候，抗风力强，耐干旱，不耐寒，因叶含芳香油，有杀菌、驱蚊虫之效，抗大气污染。

柠檬桉（桃金娘科）

5.白千层（Melaleuca leucadendron (L.)L.），桃金娘科，**阳性，属金**。

本种树冠椭圆状圆锥形，不甚扩展，树姿优美整齐，叶浓密，为一种美丽的园林风景树和行道树。喜光，喜高温多湿气候，不耐寒，不甚耐旱，抗风，抗大气污染。

白千层（桃金娘科）

6. 鸡蛋花（Plumeria rubra L.cv. Acutifolia），夹竹桃科，**阳性，属金（木）**。

本种树形美观，叶浓密葱绿，春季落叶，夏初即再发新叶。落叶之后，秃净光滑的分枝仿佛梅花鹿之角，故又被称为“鹿角树”。开花期，花多色艳，优雅宜人。为热带地区常见的木本花卉，是优良的园林风景树和绿化树。喜光，喜高温湿润气候，生命力甚强，耐干旱。

鸡蛋花（夹竹桃科）

龙珠果（西番莲科）果实（小图为龙珠果的花）

7.龙珠果（Passifolia foetida L.），西番莲科，**阳性，属金**。

本种株形较小，但花和果的形态独特，有一定的观赏价值，适宜作花架、栅栏或矮墙的垂直绿化。喜光，喜高温湿润气候，生命力强，耐干旱，耐瘠薄。

天门冬（百合科）

8.天门冬[Asparagus cochinchinensis(Lour.)Merr.]，百合科，**阳性，属金**。

本种分枝蔓性，长而下垂，叶状枝色绿淡雅，常被植于建筑物的阳台、花槽或作花坛镶边。喜光，喜温暖湿润气候，耐寒，耐干旱和瘠薄。

万寿竹（百合科）

9.万寿竹[Disporum cantoniense (Lour.)Merr.]，百合科，**阴（阳）性，属金**。

本种花似灯笼叶似竹，素雅脱俗。宜在庭园疏林下。林间空地或树丛周围以及建筑物墙隅和假山旁等处种植。喜半阴，喜温暖湿润气候，耐阴性强，排水良好。

10.金丝沿阶草（Ophiopon jaburan Lodd.cv. Aureus-vittatus），百合科，**阴（阳）性，属金**。

本种植株丛生，叶多而密，绿黄相间；适作花坛和草地镶边，以及在立交桥下作地被。喜半阴，喜温暖湿润气候，不耐干旱，忌强阳光曝晒。

金丝沿阶草（百合科）

11.狗牙花[Tabernaemontana divaricata (L.)Roem.et Schult.cv. Flore-pleno]，夹竹桃科，**阳性，属金**。

本种落叶期甚短，冬季落叶后随即萌发新叶。树姿整齐，在开花期叶绿花白、清雅素洁，群植或列植均有良好的景观效果。喜光，喜温暖湿润气候，不宜盆栽，不耐旱，不耐阴。

狗牙花（夹竹桃科）

12.郁金（Curcuma aromatica Salisb.），姜科，**阳（阴）性，属金**。

本种叶色翠绿晶莹，花序花彩丰富而和谐，为优美的观叶和观花植物，宜植于庭园半阴处、林下等湿润之地。喜半阴而明亮的环境，性喜高温多湿气候，不耐干旱和强阳光曝晒。

郁金（姜科）

观光木（木兰科）

观光木的花

13.观光木（Tsoongiodendron odorum Chun），木兰科，**阳中阴，属金**。

本种树干通直，枝叶繁茂稠密，树姿美观，花芳香，可在园林绿化中应用。喜光，喜温暖湿润气候。

五行属木的植物

菩提树（桑科）

1.菩提树（Ficus religiosa L.），桑科，**阳性，属木**。

本种树冠广阔，树姿及叶形优雅别致，富热带色彩，绿阴效果甚佳，是优美的庭园风景树和行道树。相传佛祖释迦牟尼是在该树下悟道，故又名"思维树"。佛教僧侣视它为神圣之树，在寺庙中普遍栽植，以象征明心见性。喜光，喜温暖、高温湿润气候，抗风，抗大气污染，不耐干旱。

雪松（松科）

2.雪松[Cedrus deodara (Roxb.)G. Don]，松科，**阳性，属木**。

本种主干耸直，侧枝平展，塔形树冠十分雄伟壮观，与金钱松、日本金松、南洋杉和北美红杉（世界爷）合称为世界五大园林名木，宜植于花坛中央和建筑物两侧，如在广场或园道列植，尤为壮观。喜光，喜温暖、凉爽、湿润气候，较耐干旱和瘠薄。

圆柏（柏科）

3.圆柏[Sabina chinensis(L.)Ant]，柏科，**阳性，属木**。

本种枝叶密集葱郁，幼树树冠呈美丽的尖塔形，老树千姿百态，雄伟壮观，为常见的园林风景树。喜光，幼龄树耐半阴，极耐寒、耐干旱及瘠薄，忌水湿，对大气污染有较强的抗性，无论酸性、中性或钙质土壤均能生长，萌发力强，耐修剪，易整型，寿命甚长。

4.孔雀木[Schefflera elegantissima (Mast.)Lowry et Frodin]，五加科，**阳性，属木（带火）**。

本种叶形似孔雀开屏，高雅秀丽，为名贵的观叶植物，适宜于庭园美化和点缀。果实可食。喜光，喜温暖多湿气候，稍耐阴，忌强阳光直射，不耐寒，须排水良好。

孔雀木（五加科）

5.侧柏[Platycladus orientalis(L.) Franco]，柏科，**阳性，属木**。

本种枝干苍劲，气魄雄伟，宜在公园、陵园、庙宇和名胜古迹等地作风景树，喜光，喜冷凉湿润气候，对温暖湿润或干冷气候也能适应，耐干旱和瘠薄，对土质选择不严，酸性、中性、微碱性土均宜，甚至在石缝中也能生长。

侧柏（柏科）

6.黄杨[Buxus sinica(Rehd.et Wils.) Cheng ex M.Cheng]，黄杨科，**阴（阳）性，属木**。

本种枝叶茂密，形成圆形或椭圆形树冠，树姿小巧玲珑，叶色终年翠绿亮泽。观叶效果甚佳，可作为公园或庭园的添景树和绿篱。喜半阴，喜凉爽、湿润气候，耐干旱，耐强度修剪，抗大气污染，萌发力甚强。

黄杨（黄杨科）

7.万年青[Rohdea japonica(Thunb.) Roth]，百合科，**阴（阳）性，属木**。

本种叶丛四季青翠，红色的浆果秋冬不凋，为良好的观叶和观果植物。宜植于庭园的林下或阴处作地被。喜半阴，喜温暖湿润气候，不耐干旱瘠薄。

此种与天南星的万年青为同名异物，性各不同，切勿混淆。

万年青（百合科）

异叶南洋杉(南洋杉科)

8.异叶南洋杉[Araucaria heterophylla(Salisb.) Franco]，南洋杉科，**阳性，属木**。

本种树冠塔形，树姿态苍劲挺拔，整齐而优美，为世界著名的庭园风景树和行道树。喜光，喜温暖、高温湿润的气候，不耐寒，不抗风，不耐干旱和瘠薄。

9.樟树[Cinnamomuu camphora(L.)Presl]，樟科，**阳性，属木（带土）**。

本种树冠宽阔，树姿雄伟，叶全年茂密翠绿，有挥发性樟脑香味，绿阴效果甚佳，能显示亚热带风光。为优良的庭园风景树、行道树和绿阴树。喜光、喜温暖湿润气候，抗风、抗大气污染并有吸收灰尘和噪音的功能。

樟树（樟科）

高山榕（桑科）

10.高山榕(Ficus altissima B1.)，桑科，**阳性，属木**。

本种树冠广阔，树姿稳健壮观。树干及枝条生出的大量气根直插土中，并不断长粗，形成富热带色彩的独特景观，为庭园和绿地常见的风景树和绿阴树，也常被用作行道树。喜光，喜高温多湿气候，适应性强，耐用干旱和瘠薄，抗风和抗大气污染。

11.桃花心木[Swietenia mahagoni(L.)Jacq.]，楝科，**阳性，属木**。

本种树干通直，枝繁叶茂，形成半球形树冠，树姿雄伟，叶色终年浓绿亮泽，为热带地区优良的庭园风景树和行道树，亦为世界著名的优质木材树。喜光，喜高温多湿气候，适应性强，从干旱到湿润的环境均能生长。抗风，抗大气污染。

桃花心木（楝科）

幌伞枫（五加科）

12.幌伞枫[Heteropanax fragrans (Roxb.)Seem.]，五加科，**阳性，属木**。

本种树姿优雅，大型多回羽状复叶仿佛张开的雨伞，甚为壮观，为优良的庭园风景树。喜光，喜高温多湿气候，耐半阴，不耐寒，不耐干旱。近年园艺家把此种引入室内，乃庭园居室中的一道亮丽风景线。

五行属水的植物

1.竹柏[Podocarpus nagi (Thunb.) Zoll.et Mor.]，罗汉松科，**阴性，属水。**

本种的树干自基部以上至顶部均有分枝，形成广椭圆状塔形树冠，若经修剪，除去不必要的枝条，可使树姿更加优美。在公园或绿地可与其他树种配植，观赏的效果甚佳，如在高大的建筑物前对植或列植可显示高雅的气质。喜半阴，喜温暖和湿润气候，不耐寒，不耐干旱和瘠薄，抗大气污染的性能较强。

竹柏（罗汉松科）

2.酒瓶椰子[Hyophorbe lagenicaulis（L. Bailey）H.Moore]，棕榈科，**阳（阴）性，属水**。

本种茎干形似酒瓶，株形奇特，非常美观，是一种非常珍贵的观赏棕榈。适宜于庭园或温室栽培观赏。喜高温多湿的热带气候，宜向阳或半阴环境。

酒瓶椰子（棕榈科）

3.蒲桃[Syzygium jambos (L.) Alston]，桃金娘科，**阳性，属水。**

本种分枝多，树冠广阔，叶色浓绿。开花期，绿叶白花，素洁淡雅。宜为湖边、溪边、草坪、绿地等的风景树和绿阴树。喜光，喜高温多湿气候，抗风力强。

蒲桃（桃金娘科）

4.蒲葵[Livistona chinensis (Jacq.) R.Br.]，棕榈科，**阳性，属水。**

本种四季常青，树冠伞形，叶大扇形，叶丛婆娑，为热带地区绿化的重要树种，可列植作行道树或群植于绿地作风景树。叶可编制蒲扇。喜高温、多湿的热带气候，能耐0℃左右的低温。喜光，亦能耐阴。抗风力强，能在海边生长。

蒲葵（棕榈科）

5.乌墨[Syzygium cumini(L.)Skeels]，桃金娘科，**阳性，属水**。

本种树干通直，枝叶繁茂，树姿挺拔，盛花期，白花满树，洁净素雅，为优良的庭园绿阴树和行道树。喜光，喜温暖至高温、湿润气候，抗风力强。

乌墨（桃金娘科）

6.水杉（Metasequoia glytostroboides Hu et Cheng），杉科，**属水**。

水杉（活化石）是世界上珍贵、稀有的孑遗植物。水杉树干高大通直，树冠塔形，树姿优美，叶色富季相变化，为优美而高贵的园林风景树。可在湖边、池边、或近水外列植、丛植或点缀种植。适应性强，喜光，不耐阴，不耐干旱和瘠薄，较耐寒，对大气污染有较强的抗性。

水杉（杉科）

7.秋茄树[Kandelia candel(L.) Druce]，红树科，**胎生植物，阳（阴）性，属水**。

本种有吸收氮、磷等有机物的功能，此类有机物的浓度越高，它生长越好，被用作净化生活污水的植物。

秋茄树（红树科）

8.白蝶合果芋（Syngonium podophyllum Schott cv.'Albovirens'），天南星科，**阴（阳）性，属木（金）**。

本种常以气生根攀附于树干之上，也可在疏林之下或立交桥之下作地被和道路分隔带植物。喜半阴，喜高温多湿气候，耐阴性强，忌强阳光直射，不耐干旱，不耐寒，抗大气污染。

白蝶合果芋（天南星科）

棕竹（棕榈科）

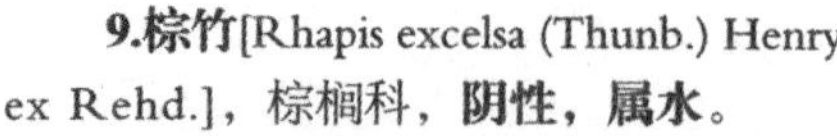
9.棕竹[Rhapis excelsa (Thunb.) Henry ex Rehd.]，棕榈科，**阴性，属水**。

本种植株挺拔，叶形清秀，宜配植于公园或庭院的窗外、路旁、花坛或廊隅处，丛植或列植均可，也可盆栽作室内装饰。耐阴，喜温暖、阴湿、通风良好的环境。

软叶刺葵（棕榈科）

10.软叶刺葵（Phoenix roebelenii O'Brien），棕榈科，**中性，属水**。

本种姿态纤细柔美，叶甚柔软，常作行道树、园景树，或盆栽作室内摆设。喜光，能耐阴，喜高温多湿气候，亦能耐寒。对土壤要求不严，能耐干旱。

蜘蛛抱蛋（百合科）

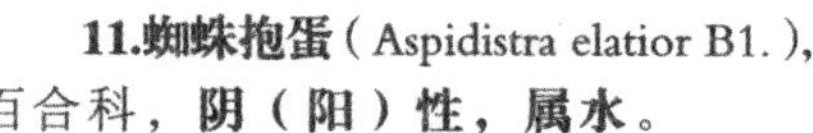
11.蜘蛛抱蛋（Aspidistra elatior B1.），百合科，**阴（阳）性，属水**。

本种雌蕊的柱头膨大形似蜘蛛的卵囊，周围的8枚雄蕊形似蜘蛛的爪，故名“蜘蛛抱蛋”。其叶色常绿，形态整齐划一，为美观大方的观叶植物。在庭园中宜在疏林下或明亮而非阳光直射之地成片种植。喜半阴，喜温暖湿润气候，耐寒，耐阴性强。

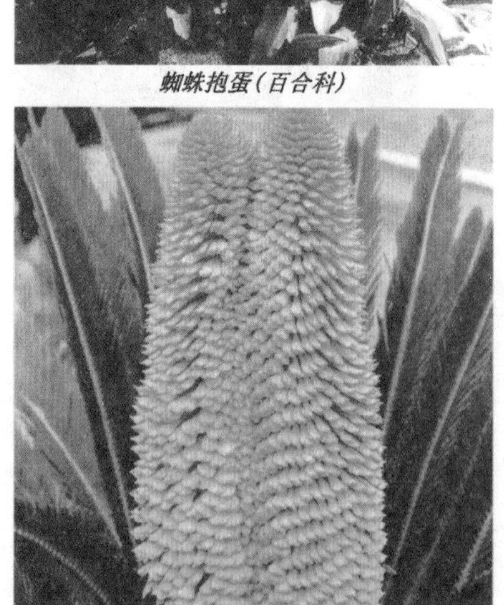
苏铁（苏铁科）

12.苏铁（Cycas revolute Thunb.），苏铁科，**阴性，属水**。

本种树形独特，具高雅华贵的气质，终年苍劲翠绿，富热带色彩，宝塔形的雄球花金光灿灿，而雌球花仿佛一枚大型茸球，均有极高的观赏价值。待到秋冬季种子成熟，核桃大红彤彤的种子镶嵌于密集的大孢子叶之间，更富艺术的韵味。为庭园、绿地珍贵的观赏植物。喜光，树性强健，抗大气污染，耐寒、耐旱、耐半阴，忌积水。

五行属火的植物

1. 红枫（Acer palmatum Thunb.cv. 'Atropurpureum'），槭树科，**阳性，属火**。

本种树姿秀丽，幼叶艳红，老叶紫红，为珍贵的观叶植物。以片植或列植的效果最佳，也可与常绿树配植，红绿相映，色彩和谐。喜光，喜温暖湿润气候，光照越充足，叶色越红，如光照不足，则老叶变为紫绿色。不耐水湿，较耐旱，喜湿润。

红枫（槭树科）

2.炮仗花 [Pyrostegia venrsta (Ker-Gawl.) Miers]，紫葳科，**阳性，属火**。

棚架植物—垂直绿化植物，多植于庭园和建筑物周围的棚架、棚栏、花门等地。因其橙红色的花序酷似一串串的鞭炮，故名"炮仗花"，极受人们喜受。花期过后亦是四季翠绿。喜光，喜温暖至高温湿润气候，生命力强，生长旺盛，老株枝蔓越多开花越盛。

炮仗花（紫葳科）

3.月季（Rosa chinensis Jacq.），蔷薇科，**阳性，属火**。

本种以花色艳丽，花期长，花姿美丽深受人们的青睐，是城市美化和园林布置高贵的木本花卉。喜光，耐半阴，喜冷凉和湿润气候，耐寒性强。

月季（蔷薇科）

4.木棉（Bombax ceiba L.），木棉科，**阳性，属火**。

本种在春季先花后叶，在我国已有悠久的栽培历史，是热带特有的木本花卉。为优良的园林风景树和行道树。喜光，喜高温湿润气候，适应性强，耐干旱，耐瘠薄，抗风、抗大气污染。

木棉（木棉科）

5.红花继木[Loropetalum chinense (R.Br.) Oliv.var.rubrum Yieh]，金缕梅科，**阳性，属火**。

本种枝繁叶茂，树态多姿，叶富色彩之美，细而长的花瓣，宛如无数的彩带，美艳异常。为优良而名贵的木本花卉。适宜群植和列植，也可密植作绿篱或盆栽。喜光，喜温暖凉爽和湿润气候，耐寒，耐旱。

红花继木（金缕梅科）

6.凤凰木[Delonix regia (Bojer) Raf.]，苏木科，**阳性，属火**。

本种树冠呈广伞形，树姿优雅秀丽，二回羽状复叶宛如大型的羽毛，翠绿而柔嫩，给人以清心潇洒之感。夏季盛花期，花红似火，是遍及热带地区的木本花卉。被广植为园林风景树、绿阴树和行道树。喜光，喜高温多湿气候，不耐干旱和瘠薄，不耐寒，抗风，抗大气污染。

凤凰木（苏木科）

7.希茉莉（Hamelia patens Jacq.），茜草科，**中性，属火**。

本种枝叶茂密，四季常绿，由春末至秋季开花不断，夏季盛花期，晶莹明亮的花序，在骄阳的照射下熠熠生辉，呈现一片盎然生机，极富色彩之美，是庭园、绿地和道路分隔带良好的木本花卉。由于本种的茎常为蔓性，也可植于栅栏、矮墙或花门作垂直绿化。

希茉莉（茜草科）

8.红桑（Acalypha wikesiana Muell.-Arg.），大戟科，**阳性，属火**。

本种的叶富色彩变化，甚为美艳，是南方各地庭园或公园栽培最为普遍的观叶植物之一。喜光，喜温暖、高温湿润气候，日照越充足，叶色越艳丽，极耐干旱，不耐严寒。

红桑（大戟科）

肖黄栌(大戟科)

9.肖黄栌(Euphorbia cotinifolia L.),大戟科,**阳性,属火**。

本种茎及叶片均呈红色,酷似北方秋季漫山遍野一片红的植物黄栌(Cotinus coggygria Scop.var.glaucophylla C.Y.Wu),故名"肖黄栌"。而本种四季都呈暗红色,比黄栌更为灿烂。淡黄色的杯状聚伞花序像星星般散落在红叶丛中,玲珑可爱。在园林中适宜在一片绿色之中配置,以增添色彩景观。

大花紫薇(千屈菜科)

10.大花紫薇 [Lanerstroemia speciosa (L.)Pers.],千屈菜科,**阳性,属火**。

本种树冠呈半球形,叶大而密,色翠绿,冬季落叶前叶色变为黄色或橙色,富色彩之美。花多而大,正值夏季缺花时节盛开,艳丽夺目。宜为公园、绿地的添景树,也可作行道树。喜光,能耐半阴,喜高温湿润气候,抗风,耐寒,耐干旱和耐瘠薄。

11.一串红(Salvia splendens Ker-Gawl.),唇形花科,**阳性,属火**。

本种花期长,花多色艳,成片种植所形成灿烂缤纷的景观为其它草花所不及。在园林中常用作布置花坛、花径和花丛。

一串红(唇形花科)

五行属土的植物

1.大佛肚竹（Bambusa vulgaris Schrad.et Wendl.cv.‘Wamin’），禾本科，**阳性，属土**。

我国南方常见栽培的观赏竹种之一。茎秆密丛生，节间短而膨大，形似弥勒佛之便便大腹，叶浓密翠绿，形成圆伞形的顶冠，竹姿袅娜，用于庭园布置，观赏和绿阴的效果甚佳。喜光，喜高温多湿气候，耐半阴，抗风力颇强。

大佛肚竹（禾本科）

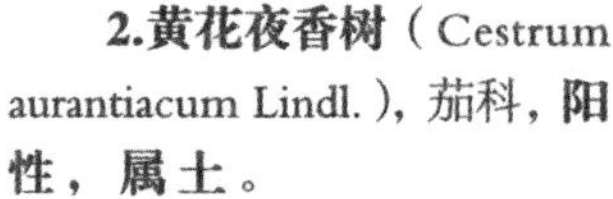

2.黄花夜香树（Cestrum aurantiacum Lindl.），茄科，**阳性，属土**。

本种花多而密，昼夜均能开放，夜晚放出浓香，可驱蚊。花期长达数月，夏季盛花期，满树挂满艳丽的黄色花序，清雅悦目，适合园林绿化与美化，也可盆栽。喜光，喜温暖。此花香味过浓，易引起不适，有血压高、心脏病人慎种，不宜过近，以免引起不良反应。

黄花夜香树（茄科）

3.黄花夹竹桃[Thevetia peruviana(Pers.)Schum.]，夹竹桃科，**阳性，属土**。

本种分枝多，叶茂密，叶色翠绿，花大色艳，花期甚长，为常见之木本花卉。宜作公园和绿地之风景树，经修剪矮化后可作绿篱。喜光，喜高温多湿气候，生命力强，耐湿，耐半阴，抗风，抗大气污染，抗病虫害。有毒性，要慎用。

黄花夹竹桃（夹竹桃科）

腊肠树（苏木科）

4.腊肠树（Cassia fistula L.），苏木科，**阳性，属土。**

本种树冠呈椭圆状伞形。花多为先叶开放，盛开时，在无叶的枝上悬垂着金黄灿烂的花序，缤纷壮观，花后新叶萌生，满目青翠。荚果形似大型腊肠，成熟后由绿变黑。为夏季观花、秋季观果的庭园风景树和绿阴树，也可作行道树。

黄槐决明（苏木科）

5.黄槐决明（Cassia surattensis Burm.f.），苏木科，**阳性，属土。**

本种枝叶茂密，树姿优美，花期长，花色金黄灿烂，富热带特色。喜光，喜高温多湿气候，适应性强，耐寒，耐半阴，耐干旱。

土沉香（瑞香科）

6.土沉香[Aquilaria sinensis(lour.) Gilg]，瑞香科，**阳中阴，属土。**

本种分枝繁茂，树姿优雅壮健，新叶淡绿，逐渐变为深绿而亮泽，开花时，花朵有清淡的芳香，蒴果的形态宛如一盏盏挂在树上的小灯笼，妙趣横生。我国特产的药用植物，名贵中药"沉香"就是本种树干损伤后被真菌侵入寄生，植物的木薄壁细胞内贮存的淀粉在菌体酶的作用下，发生一系列化学变化，形成香脂，再经多年的沉淀而成。喜光，喜温暖湿润气候，耐半阴，抗风。土沉香有止痛之效，对胃肠有调益作用。

7.含笑[Michelia figo(Lour.) Spreng.]，木兰科，**阳中阴，属土**。

本种分枝繁茂，形成圆球形树冠，开花期长，花多而密，散发出香蕉型的甜香味，极受人们的喜爱，在我国南方有悠久的栽培历史，为庭园的骨干树种。喜光，喜温暖湿润气候，有良好日照花才芳香浓郁，耐半阴，抗大气污染和吸收有毒气体的功能较强。

含笑（木兰科）

8.铁刀木（Cassia siamea Lam.），苏木科，**阳性，属土**。

本种树冠广阔，树姿壮健，盛花期，金黄色的花序镶嵌在绿叶丛中，缤纷灿烂，为良好的木本花卉和园林风景树和绿阴树。喜光，喜高温多湿气候，耐旱、抗风、耐强度修剪，修剪后可迅速萌发新枝。

铁刀木（苏木科）

9.中国无忧花（Saraca dives Pierre），苏木科，**阳性，属土**。

本种树冠为椭圆状伞形，树姿雄伟；叶大翠绿，稍稍下垂；花序大型，花期长，着花多而密，盛花期花开满枝头，红似火焰，故民间又称它为“火焰花”，为高雅的木本花卉。

（说明：以上资料由广东省林业厅黄锦添编辑及深圳仙湖植物园陈覃青主任提供）

中国无忧花（苏木科）

四、"李氏绿色兵法"之"抗污兵"

植物在目前防治城市污染中有极大的作用,又在生物圈的物质循环和能量流动中有巨大的影响,是生态系统中最复杂、最有地位的"生产者",所以无论从环境保护和环境美化的角度来看,加速园林绿化,积极扩大绿地面积,使城市人口在不太长的时间内达到人均10平方米以上的绿地面积,是十分必要的,也是可能的。

防治大气污染的植物材料,经过许多部门多年来的研究和筛选,证实抗性强的植物有如下一些:

1. 对硫、氯、氟气体都呈现抗性强的植物

高山榕、橡胶榕、大叶榕、细叶榕、菩提榕、大麻黄、蒲桃、菠萝蜜、火力楠、鸡蛋花、罗汉松、龙柏、夹竹桃、大叶黄杨、海桐、蚊母、构树、桑树、丁香、美人蕉、金盏菊、百日香、九里香等。

2. 对硫、氟气体均具抗性强的植物

除1类外,还有芒果、扁桃、牛奶树、阴香、蝴蝶果、黄槿、海南红豆、假槟榔、米兰、银桦、落地生根、女贞、栀子花、茶花、无花果、合欢、八仙花、仙人掌、虎尾兰、朝天椒、紫茉莉、鸡冠花等。

3. 对氯、氟气体均具抗性强的植物

除1类外,还有蒲葵、石栗、松叶牡丹、葱兰等。

4. 对硫、氟气体均具抗性强的植物

除1类外,还有竹柏、苦楝、胡颓子、水仙、金鱼草等。

5. 对二氧化硫气体具抗性强的植物

除1、2、4类外,还有人心果、荷花玉兰、阿珍榄仁、盆架子、华南朴、海南蒲桃、驳骨丹、鹰爪、五彩铁、红果仔、红背桂、散尾葵、桧柏、扁柏、粗榧、棕榈、香樟、枇杷、枸骨、苏铁、厚皮香、八角金盘、杨梅、臭椿、乌桕、刺槐、白杨、紫藤、腊梅、蜀葵、凤仙花、菖蒲、石竹和粗筋草等。

6. 对氯化氢气体具抗性强的植物

除1、3类外,还有肉桂、苦梓、樟叶槭、龙舌兰、番石榴、桂花、瓜子黄杨、泡桐、木芙蓉、矮牵牛、一串红等。

7. 对氟化氢气体具抗性的植物

除1、3、4类外,还有侧柏、黄皮、大叶桃花心木、白兰、香椿、大王椰子、黄梁木、母生、羊蹄甲、石榴、大红花、黄连木、月季、万寿菊、香豌豆等。

选用上述植物材料,不但要根据污染物的性质,还要考虑美化的需要和当地条件的可能,不要强调了一面而忽视了另一面,以免功亏一篑。

(注:本资料参考省林勘设计院江建发工程师资料及结合本人在1979年于广州市园林科研所工作时的实践。)

第五章 “李氏绿色兵法”在环境造(改)场中的应用

第一节 “李氏绿色兵法”植物造(改)场与化煞实践

一 、采石场绿化

植皮法、连珠坑法、步步高法

植物改场，是指对各种建筑，房屋，场地处所等在原有基础上，使用植物布局加以改造，改变原来的环境气场状况，使它更加适合于人们的使用。

火炉山森林公园旧石场山体受人为破坏，严重地影响了生态与景观，存在干旱、无土与悬崖峭壁三大特点，不具备植物生长的水土条件，植被恢复困难。石场绿化需要针对实际情况采用不同措施，选用先锋树、藤、灌木、草与苔藓等绿化材料分期实施。

（1）植皮法

掩疮补洞、回填坑土，用最大的力度去黄还绿。

1. 对坡度45度以下的斜坡，用水泥造成半月形或棱形的凹格，在上面填土植草皮；但对于坡度超过45度以上的斜坡宜用下法：

2. 阴天用“泥土＋猪粪＋米浆（或洗米水）＋天南星科的魔芋（木芋头）＋蕨草＋苔藓”捣碎搓拌成浆，用机械喷枪直接冲敷岩体，在表面较均匀地植“皮”，在阴天的环境中，十天半月便长出绿色的青苔，这是植物的“绿皮”。

（2）连珠坑法

在旧石场，因陡峭无法植乔木，无条件采用“植皮法”，又在经济条件允许下，可实施此法。方法是：在陡峭岩壁上搭架（方格网形），以作施工的支撑，然后在岩壁凿出连珠坑洞，于珠坑上植藤本植物，如石莲子、矢果藤、卖麻藤、大风藤、鸡血藤、辟荔、野葛、过江龙、酒饼藤、粗叶悬钩子、金银花、遮柄藤、青风藤、爬墙虎等。

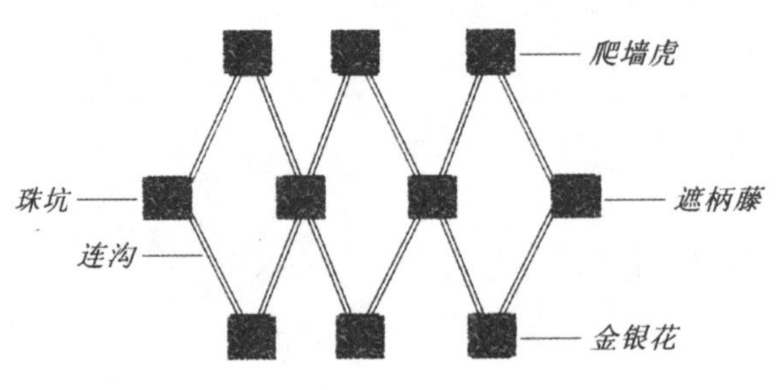

布图：可布成倒三角形，成长方带或成方形的珠坑，珠坑深宽越大越好，但起码要60

× 60cm。由“珠坑”与“连沟”纵横交织成树网形，上覆土，能保留一点水分与养分，上植藤状植物，祈求早日建成一幅幅“绿墙”，达到掩丑扬美之效。

（3）梯级法（步步高法）

栽植藤本植物的“珠坑法”及“植皮法”毕竟绿化效果不如植大树的梯级法，且上两法造价投资高些，只有大面积植大树，才能根本上改造石场的荒凉环境。

梯级法，又叫步步高法。方法是从石场的缺口往石场岩体堆土填坑。再在填土带上植树种草。绿化方法有两种：直接覆盖法和分隔覆盖法。

速生树种马占相思
山骨
山肉
山皮
石场残留
岩体

回填土成梯级种植带
直接覆盖法（一次进行）

直接覆盖法是一次性作业，往石场残留岩体上覆土，在梯级植土坡上植树种草绿化。

分隔覆盖法（又叫暂不理睬法）是二次以上分期作业，方法是离开石场残留岩体一定空间，进行回填堆土成金字形的种植山，在山上成梯级挖坑穴植树种草绿化。后一种方法是适于岩体残留空间面积大，一时无法一次性完成绿化作业。这方法是先满足近段绿化，先使绿化地段实现小环境空间的良好环境建设，待这期作业完成后，再在第一次作业留出的空间中进行第二次绿化作业。

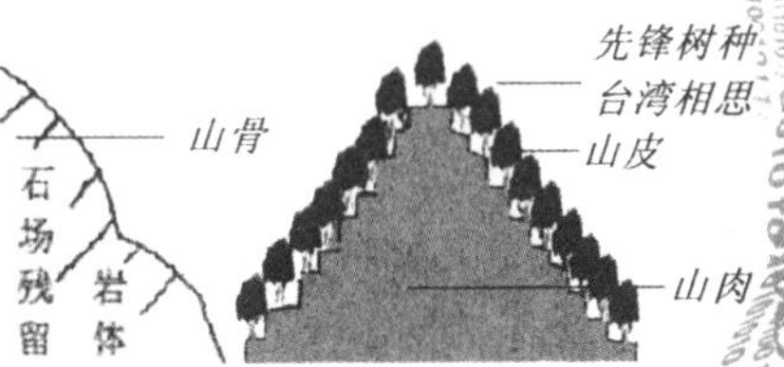

留出第二期作业带活动空间
分隔覆盖法（二次进行）

不论一次或二次以上的覆土梯级法，共同的特点都是达到尽快使石场残留岩体实现绿化，尽快改善原有的干旱恶劣的环境，建设良好的生态环境。

二、 石山绿化

对有泥土的石矿场，可见缝插针植树栽草。这又存在着适树适地问题。为加速石山绿化，针对不同的岩体土质采取不同的栽植材料。

（1）非石灰岩地区石场

栽植选取马尾松、台湾相思、尾叶桉、赤桉、乌榄、鸡蛋花、马占相思、山毛豆、木豆、加勒比松、湿地松、三角枫、桃金娘、山石榴、石莲子藤、粗叶悬钩子、遮柄藤、酸藤果、野葛、山鸡毛藤、黑莎草、鸡眼藤、辟荔、爬墙虎、使君子、紫藤、千里光、黑夹槐、野葡萄、仙人掌、量天尺、飘拂草、红裂夫草、镰刀草等。

（2）石灰岩地区石场

栽植选取翻白叶树、青檀、柞木、山乌桕、构树、大叶灰木、红背叶、白背叶、布荆、金樱子、柘树、黄连木、圆叶乌桕、菜豆树、青冈树、粗糠柴、山枇杷、山苹婆、竹叶椒、任豆、光皮树、牧草、贯众、拔葜、凤尾草 。

以上方法可以先植草、植藤、植绿肥，待该地条件改善有好转后，再由低级到高级，由繁殖苔藓→植草→植藤→植灌木→植乔木。也可以乔、灌、草、藤一起种植铺展。但应明确，我们应遵循自然规律，注意植物群落的繁殖演化有个科学发展的过程，也就是有个时间性与科学性的结合，才能有力地推动石场的绿化工程。

龙头山森林公园石场绿化效果图（制图：王喜平）

龙头山森林公园石场绿化前

三、光污染的绿化良方

广州某大学的某教授家一面挂在阳台的梳妆镜竟惹来对面楼住户的气枪子弹的袭击，镜子被击穿两个洞。这名“神秘枪手”使教授全家连日来惊恐不安，甚至连阳台也不敢迈出半步。民俗学家施爱东教授指出这是对古代风水术上的“照妖镜”的迷信而造成的纠纷。

镜子的故事，笔者手头上收集的资料不少，对朋友对学生我也讲谈过自己的看法。现在把多年从事生态环境调查规划设计与改造工作中，与镜子发生过的故事，发表自己的一些浅见，与读者们分享与探讨。

光污染近几年常有发生，两年前曾有报章披露过，在上海有28户居民集体起诉：他们居住附近新建一幢金融大厦外披的玻璃幕墙给他们生活起居带来严重干扰（包括隐私被反射曝光），这是建国以来第一桩镜子事件——光污染，引起国人的注意，特别引起建筑界的注意。

《史记》有“以铜为镜”，可正“衣冠”的名句；禅宗六祖惠能和尚有“明镜亦非台”的名偈；古代衙门有“明镜高悬”的装饰；在民间，家家户户都有妇人的梳妆镜。在房子内用镜，有可能是把暗室变光明的“增光镜”，酒店饭馆有招客常来的“迎客镜”，企业家办公室有大展鸿图的“吉祥镜”，军队大院办公室入门有严肃军纪军风的“整军容镜”，还有都市人赶时髦、使人眼花缭乱的“玻璃幕墙镜”…… 可见镜子用得好时，高尚、文明、锦上添花；用得不好时，神憎鬼厌、惹是生非。那美好的传统文化要发扬；**那光污染、光挑衅，不值得提倡，要坚决反对制止！**对别人有危害的行为，还要立法制裁。

早年笔者在广州电台“环境家居面面观”节目任专家主持时，曾收到三元里听众王小姐和东莞张先生的来信，询问“别人用‘照妖镜’照自己时，自己用镜反照他，好不好？为什么不好？”笔者在主持节目时明白告诉他们，世上无“照妖镜”，不用害怕。《西游记》中讲的“照妖镜”仅是神话故事而已。**如果再用镜照人以还击，这是愚蠢行为**，后来王小姐听从劝告，**自觉把镜子摘下来，这是明智之举**。

广东省中山图书馆用《木子兵法》成功解决光污染问题

在古代堪舆学来说，镜子是用来“挡煞”的，这是古人的讲法。所谓“煞”，现代指微粒子波干扰。因为镜子有聚光和反射的作用，过去风水先生（对人有好处的学者可叫专称“环境场调节师”或“房子医生”，至于骗人骗钱的误导老百姓的“风水先生”就不屑一顾）便教人悬挂凹镜、凸镜、八卦镜或白虎镜等等，使它对正屋外直冲而来的所谓凶煞，把煞气吸收或反射回去，以免被煞气冲克而受损，其实这是一种光污染、光干扰、光挑衅，这不是什么“挡煞气”。

很多人都知道镜子不宜正对床，不宜正对书台，不宜把镜子照到对方（不管有意无意）。平时当看到附近有这类镜子，人们会十分敏感，对这些不和谐的现象，担心会对自己有损。**所以笔者时常劝人，不要悬挂这类镜子，以免引起邻居不安**。有些人挂起三叉、锅底来对抗，是以牙还牙损人损己的做法。但**可惜有些人不明事理，受“风水先生”误导，动辄教人悬挂八卦镜这类东西，结果非但收不到保平安的效果，而且还招来口舌是非，破坏了团结，在当今讲文明、讲道德的社会是不容许的**。若有人认为“自从对面人家挂起八卦镜后，便从未行过好运”，这是迷信的心理在作怪。世事往往便是如此，心理上有些微阴影，什么事情均往坏处想去，于是便觉得似乎事事均不顺利，开始疑神疑鬼了。

至于化解的方法，我便在此介绍一种既简单而又实用的办法以供参考：

用鲜花和微笑来化解“风水的纠纷”，如对面用镜子照你时，你可以用绿化美化的科学方法解决。

在几年前笔者应邀到广州师院地理系讲课时，提到“照妖镜”时，曾经说过，世上无什么照妖镜，如有的话，那是环境污染、光污染。如你睡床对面放镜（电视机、计算机），这是一种干扰，建议不用时用布盖住它，以免降低睡眠质量。如别人用镜子照你，你可试用“绿化五行法”，你不方便去叫人摘下（那是别人的自由），更不能用枪去射击他，最好是在阳台上栽上瓜和藤等攀援植物，建设一面绿墙（绿屏风）以解决光污染、光挑衅。或在阳台上栽种火石榕（属火）、苏铁（属水）、九里香（属金）、含笑（属土）及榕树盆景（属木）之类花卉，祈愿对方看见了绿叶花香，就会把肝、胃、肺、肾和心脏的毛病治好，心平气和，身体健康。倘若对方领略你的好意，他也自动把含有挑衅性的镜子摘掉，他还会在阳台学习你一样，栽上茉莉（属金）、莲花（属水）、桂花（属土）、兰花（属木）和吉祥草（属火）来回答你的善良与海量。

说明：上文已刊登2002年5月16日《羊城晚报》并在广州电台“环境家居面面观”作过专题报道，引起广大读者听众朋友的良性反应，展开了一场热烈的讨论。

第二节 “李氏绿色兵法”四十年林业绿化实践

一、珠海市石景山旅游中心绿化场的建造（木克土法）

珠海特区石景山旅游中心是珠海市最早开放的旅游风景区。然而，过去那里是一块乱石遍地、草木难生的不毛之地。针对这种顽劣状况，园林绿化设计的首项是进行改土改水，然后按照不同方位、不同环境配种不同的植物，其中的一大特点是营造了当时全国最大的草坪，形成了一个良好的生物场，成为当时全国最早开发的著名游乐中心之一。

本设计绿化面积占地1.4万平方米，建造十八景。

珠海市石景山旅游中心园林绿化平面布置图

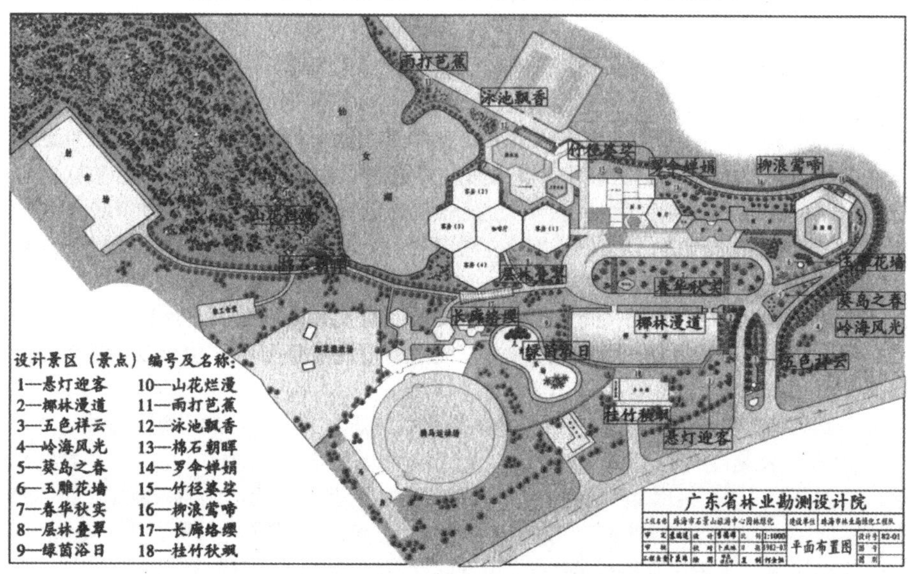

注：重绘此图者——何金垣高级工程师在本书出版前已去世，在此深表怀念之情！

二十二年后的景观（1982～2004年）

说明：参加设计与施工除笔者外，还有广东省林业勘测设计院林业高级工程师卜庆珠、省林科所苏茂森及珠海林业局局长徐锡祥、李瑞华工程师，绘图邓忠、谭月坤工程师，图纸复制雷州林业局林业高级工程师何金恒。

椰林漫道

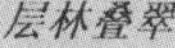

层林叠翠

七星湖畔

岭海风光

二、第九届全运会黄村基地生命场的建造（精气激发法）

生命在于运动。要建造一个有利于运动的生命场，激励运动健儿为祖国争光，创造优秀的竞技成绩的科学运动场——科学生命场，乃本设计的要旨。

现状

本期绿化是在8万平方米的运动场周围和中心进行。内含四个大运动场，棒球场、垒球场、人造草曲棍球场和土曲棍球场。

本场地势平坦，水位稍高，布局规划缺乏绿色植物，日灼厉害，易起风沙，而且人的视力在缺乏绿色的环境中，易疲劳，因此抓紧春季进行绿化，乃当务之急。

对策

针对环境布局线条呆板，缺乏活泼的空间，急需绿化改善。

然而，绿化应实施高质量、优选绿化方法，不是一般栽几行树就算绿化了，而是应用绿化生命场的造场理论，就是采取传统的天人合一、阴阳和合及中医的五行理论，以利于运动员有效地发挥与提高他们的竞技状态，以创造优异的成绩。

设计布局的原则

（一）以绿制黄

给缺乏植物，缺乏生气的大面积环境建造绿阴。见缝插针，尽量扩大绿化受益面积。在入门处及中心休息室外周围共种草1750m^2，植物材料41个，乔木21个，灌木19个。扯掉“黄袈裟”，披上“绿衣裳”。

（二）动静结合

讲求科学配套，动静结合。入门与休息室要动，要热闹渲染，选用色彩浓热的花树、花丛、草地以接迎来宾。

各个运动场是动，而周围却宜静，静有利于运动员集中注意力，更好投入训练或竞赛中去。

（三）选材慎重

1. 主干路、人流集中之地段，选树冠大、树姿美、枝下高、体量大的乔木下缀香花乔木或有色彩的灌木，以强化气氛与生机。

2. 选耐性强、抗风、吸尘，能降低噪音，易于管理且成本低廉的苗木，以低成本求取高效益。

3. 选取新颖苗木，建造富有新意、有个性特点的园林绿地环境。

4. "芳香能通窍"。选材比例上，保持一定数量的香花乔木。以造就产生"心旷神怡"之艺术场，发挥激发人体潜能的功效，有效提高竞技状态。

5. 选取有杀菌、清洁空气的植物材料，建富有南国情调的小游园，利于聚客会友、洽谈与休息。

（四）布局合理

1. 东门入口处绿地两片，铺草（$225m^2$+$350m^2$）合$575m^2$。

选用木棉、大王椰子、三药槟榔、鹰爪、希美莉等10种材料。目的是创造入门的热烈气氛，有伟岸英雄树作门卫树，在华盖作顶，绿草如茵，希美莉作"裙"，呈现入门"红灯笼迎宾客"的热烈气氛。

2. 中心主干道

约长230米的主干道两旁，以有树冠浓密、层次感强、高如宝塔的尖叶杜英（又名法国枇杷）作主体树，配以有"南国牡丹"之称的朱槿大红花球作配角，组成富有节奏感，富有韵律的夹道"绿带"花，使人步入其间不再受阳光灼热之扰。

3. 东、南、西、北围墙绿化围墙（55+200+290+230+220）合995m长。

（1）主体性又有特殊性。

东西墙以海南蒲桃为主体树，它有防火、耐水常绿、荫蔽（树冠大），枝下高，树干通直，病虫害少的特点，分别东墙配美丽针葵（防火，抗性大，姿形美）和桂花（耐冻，芳香通窍，疗胃益肺之功效）。

（2）围墙交接角栽英雄树一株，构成四角分明的绿地。

（3）东北墙缺（凹入）地，风水造园上是最棘手的问题（古代以来一般传统忌东北缺，有"鬼"门位之称）。

这里采用绿地改场技巧，在东北55米长之凹位栽火焰木间种红背桂或红铁，它们五行均属"火"，以"火"旺，以生"土"，以补东北之"土"，构成以生态平衡为本的艺术"手笔"。

（4）北墙以高山榕（属水）间种狗牙花（属金）。

八卦中北方为"坎水"，栽属水的高山榕配以属"金"的狗牙花，以组成"金生水"之"生局"，符合传统五行生化造场理论。

（5）南墙。五行中属"火"，且为人们出入之所，以热烈为主，故栽"火焰木"（属火），下栽黄色属土的米兰，构成"火生土"之生局。

4. 运动场各有特点，互不雷同

（1）棒球场东以水石榕（属水）配美丽针葵（属水），东南以树冠大的小叶胭脂（或吊瓜木）护荫看台，配以香花的白兰和属木的珍贵的桃花心木。

（2）垒球场以常绿、松柏（属水）配香花植物米兰（属土），对胃肠、腰肾有保健作用。

（3）人工草地曲棍球场，配以高档的竹柏（属水），北边风大故植短穗鱼尾葵（丛生，属水）以抗西北风，防杂草。

（4）土曲棍球场，东和北边栽有特色的假槟榔（属水）间以常绿开香花的山瑞香（属金），对肺部和腰肾眼睛有保健作用。

综上所述：本设计体现了生物场造园的特色，通过高质量的选材与施工，将黄村体育培训基地建设成一个美丽、实用的、风光如画的、生机蓬勃的绿色场地。

用属金的尖叶杜英为垒球场组成的生物场

用属水的竹柏为人工草地曲棍球场布阵

用五行水生木组场的一角

用属木的大叶油草铺砌天然草地的垒球场

本设计的施工除笔者外，参加人员还有广东省林业调查规划院（原广东省林业勘测设计院）王登峰、许文安、江建发、王喜平等几位工程师义务支持九运会绿色生物场的建造。

绘图：许文安　　重绘：朱剑光

三、广昌公司(植物紫微星座法造场)

广东省广昌公司是全国最大的兽药保健品公司,工厂建在有几百个坟墓的山冈边上。建好厂房后,蝇、虫很多,生病的人不少。公司计划在墓地与厂房之间建一个长近百米,高20米的石挡墙,以分隔“生死人争地”的空间,估计耗资约需100百万元。笔者针对这种情况,根据植物生物场原理,布下了“植物紫微星座”,为公司设计造就了一个花木掩映、绿树成荫的生产基地,这样改石墙为草木植被,为企业节省了大笔开支(约60万元),很快,环境改善了,人健力壮,企业也兴旺了。正是“乱坟岗上重造场,环境美化又省钱”。

停建分隔墙,改用土木植被

用厂标(太极图)化煞

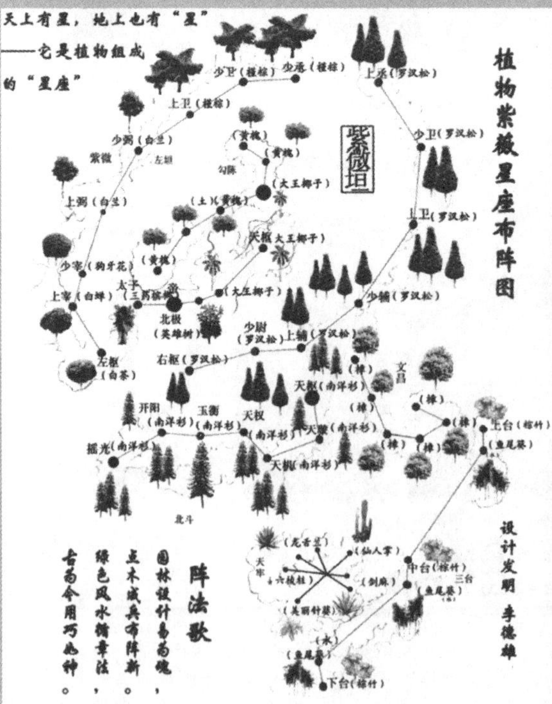

用紫扇(茜草科)红棉化煞

按紫微星座布场

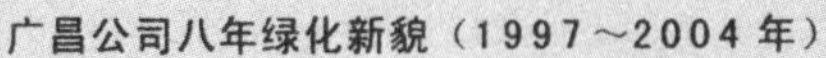

广昌公司八年绿化新貌（1997～2004年）

林阴大道
左为属金的白兰林带
右为属木的南洋杉林带

制药车间之青龙位由无花粉污染的植物材料组成前：水（假槟榔）生木（发财树）生火（宝巾藤）合局，后：由属木的南洋杉组成的小熊星座（部分）

制药车间之“白虎位”由无花粉污染的植物材料组成

车房绿地由属水的植物（有防火功能）及能够吸收汽油残留气体的植物材料组成（有抗污染功能）

办公楼前的生物场高低叠置，花木掩映。

挡土墙到此不再修筑，由金、木、水、火、土五行俱备的植物组成植被所代替

办公楼大堂的垂直绿化（飘法的应用）及植物屏风（屏法的应用）

制药车间前的属木的、无污染的植物带，对职工的肝脏有补益作用

属土的绿篱把人迎入办公楼，它的植物气场对人的肠胃有补益作用

停车场后原是坟墓乱岗，现已为郁郁葱葱的植被所掩没了，没有了以前的恐怖感

植物的阴阳五行构成了广昌公司的立体图画，山坡水土得到保持

从办公楼的绿地展望生产车间，呈现绿的世界

阴阳和合的生物场给环境增加了空气负离子，成了职工的生命保护神

四、水泥石板上艰苦绿化的吉山仓库（退砼还绿法）

广东省物资公司吉山仓库。原来生意一直不景气、事故不断、多次发生人员伤亡，虽四次调整传达室等方位，也于事无补。后经过本人设计重新布局，营造了一个以“奉献”为主题的“仙女托玉盘”的园林绿化格局。这一改变令仓库的整体面貌焕然一新，后来竟成为省级先进单位。具体做法：一是修建了一个集环保防火绿化和美化环境四种功能于一身的喷水池，二是调整内部的绿化范围式样和种植品种。

吉山仓库以“奉献”为主题绿化一景

前貌

龙门架下作业强，太阳曝晒更紧张。
水泥铺地草不长，何处有树纳阴凉？

后貌

（一）

渠顶加“被”铺草场①，去砼还绿大变样②。
宝巾为墙织彩锦③，翠带游龙百丈长④。

（二）

凿地修池添塑像，“奉献”同心谱新章⑤。
倚绿为邻人向善⑥，宏愿实施两年长。

（三）

龙门架下凯歌扬，企业达标成理想。
工人欢唱花园里，吉山今昔大变样。

①渠顶加“被”：是《李氏绿色兵法》《绿色风水》的创造发明方法之一，在渠顶加隔层，上铺种草皮，既可增加垂直绿化的面积，又能使水渠正常使用，在清洗水渠时可撅起草皮，灵活机动，是动态形式的绿化兵法。

②去砼还绿：是扩大绿化面积的《绿色兵法》。方法是把水泥地板凿开、打洞，上复肥土，栽树种草；或在水泥地上复土，铺草皮、栽灌木、种花卉。

③这是绿化围墙的《李氏绿色兵法》：在高高的围墙上，编织宝巾藤花墙以降低热辐射，既有美化的效应，又有生态效应。吉山仓库宝巾墙长达几百米。

④翠带游龙：是在长带状的花槽中栽九里香（金）、福建茶（金）以分隔灰尘与噪音，又挡风尘。发挥九里香、福建茶的生物场作用，以补肺。

⑤在龙门架前入口广场，凿地修喷水池，塑银白色雕塑，命名为“奉献”。

⑥吉山的新环境新气场，改变了吉山人的心态，在潜移默化的优质环境中，吉山原来的争吵纠纷少了，人的心情好了，团结协作，人的精神面貌发生了很大的改变，历年来被评为省先进企业。

五、设计沙头角荔湖(东和)公园(太极图腾“水木葫芦法”)

（一）概况

深圳沙头角荔湖公园，位于深圳市沙头角镇东南，东与海涛公园住宅为邻，西与2号公路相接，北靠医院，南与海关相对。全园占地面积4公顷。其地处北纬22° 33’，东经114° 06’，雨量丰富，月平均温度26℃，最高气温36.7℃，最低温度0.2℃，基本没有气候上的冬季，属南亚热带气候区。该地除鱼塘之畔仅存一株荔枝树外，并无其他乔灌木。土壤为沙壤土，一般较粗疏松、肥沃。

（二）绿化规划布局要求

1. 设计的艺术风格

本园既有西式的旅馆、商店、餐厅、文化宫、蘑菇亭，也有中式的小亭、景窗和拱桥，两种风格的建筑物融为一体。为使园林绿化的布局与建筑气氛相协调，因而设计的艺术风格宜有线条整齐、粗犷的西洋式，也有活泼流畅的中国民族自由式园林风格布局。如北门道路两旁的大王椰子用规则式种植，花坛、花池造型用几何式，南门（正门）用自由式布置，使之与奇巧夺胜的花果山间相融洽。

2. 本规划设计的总体布局，要求具有热带、亚热带常绿乔灌木和棕榈科植物为主，并辅以石山植物、水生植物、藤本植物。结合公园的科教作用，选用植物注意知识性、趣味性和新颖性。

3. 因本地每年7、8、9月为台风季节，最大风速为34米/秒，因而应选用根深、材质坚硬的抗风性强的品种；因此地人口逐渐增多，而且附近绿化树木不多，夏日炎炎之下难得到纳凉之处，故选用树冠浓密的人心果、蘋婆、荔枝　　花草配植注意园林特色，要成丛、成团、成片布植，要有一定规模和气派，呈现野趣式，以增强生态功能、园林绿化功能和渲染力。

4. 针对本园面积不大、周围是喧闹嘈杂之市区、绿化难度大之特点，借用“化直为曲”，化有限为无限之手法，使本园单一直线空间变为多曲折的空间，使空间内静立视线活动为流动视线活动。如兰香路及往荔岛之葵提就是采用“化直

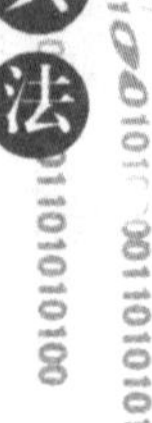

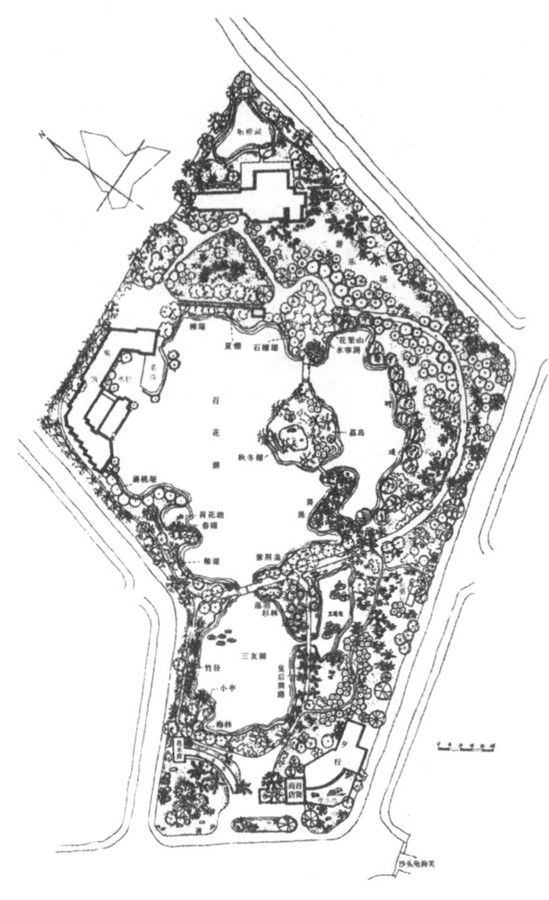

深圳沙头角荔湖公园园林设计图

为曲”，把一览而尽的简单镜头转化为逐渐展开、层次深入的“蒙太奇”镜头组接，借以丰富层次，扩大空间。又如南门、北门的荔枝“植物屏风”就是避免“一眼望穿”、“一览无遗”之弊端，从而使景观化直为曲，化单一为多样。观赏者必须随着空间的序列进程，方可领略庭园空间全貌。为使园内旅馆与围墙处交通咽喉地带的人、车喧闹声隔断，用人心果、蘋婆、尖叶杜英、粉单竹等及配以假翘等灌丛绿篱把围墙隐藏，把游人视线引向无限的远方。这样使有限空间变为无限，取得“袖中乾坤大，壶中日月天”的小中见大的效果。

5. 为了达到“处处有景，步移景异”的目的，应针对不同的活动区确立不同的景观、主题，用诗的语言给游览者以美好的享受。园内的园林艺术构成是：

一岛： 荔岛；

二山： 花果山、杜鹃山；

三棚： 春棚、夏棚、秋冬棚；

四径： 竹径、椰子路、皇后葵路、兰香路；

五林： 蛋花林、海林、人心果林、荔枝林、杉林；

六湖： 三发湖、百花湖、玉莲池、荷花池、航模湖、湖中湖；

七堤： 椰堤、紫荆堤、黄槐堤、葵提、蒲桃堤、榕堤、石榴堤；

大草坪用台湾草、大叶油草组成一万多平方面积的绿草茵茵的“天然地毡”。

（三）各分区的布局

1. 正门（南门）

位于本园入口处，是天地聚集之地，采用一迎、二遮、三宽广的艺术手法，给人第一个好印象，起着牵动全园景观之作用。

布置：在大门牌墙后，紧贴墙边栽5米高大荔枝一棵，使人站在门外，观之有招手迎宾之意，此乃荔园第一景。在大门右侧，有挺拔英雄树一株，门前草坪植有花似流星的悬铃花、美蕊花三五丛，有着悬灯盏盏迎宾客之寓意。

一岛：挖湖堆土选地成岛。

二遮：在草坪中央植荔枝(4米高)，3株短鱼尾葵丛布植，作用有二：一是障景，使进门者先抑后扬，欲窥园内花果山全貌，必须移步入园；二是成丛布置之荔枝，树冠浓密，在夏日炎阳之下颇有"绿色罗伞"之功。

三宽广：在荔枝树丛周围，铺了35×25平方米的台湾草坪一片，有豁然开朗、疲劳尽消之效。

2. 花果山设计

整座山是塑石为大门，门卫室隐在其石门内之奇特景观。植物布局也以《西游记》中花果山水帘洞美猴王行者为主题构思。

选用材料：仙人掌科植物、霸王鞭、鸡蛋花、羊蹄藤、白果藤、爬树龙、龟背竹、春羽、南天竺、铁线蕨、肾蕨、花叶绿萝、爬墙虎、蜘蛛抱蛋、山胡椒等。还有《西游记》中给王母娘娘贺寿的蟠桃和长生果(人心果)等。选适合岩缝中生长的三叶花椒、飞龙掌血栽植，加上活生生的猴子组成奇峰探胜的石山风光。

人们游罢"花果山"，穿过"水帘洞"可远眺荔岛又是一番景色。

3. 三友湖景区

位置：花果山后一片鸡蛋花林，绕三友湖一周，左边通过竹径与梅林，景墙漏窗，右边是皇后葵(金山葵)路、兰香路、落羽杉林，直至洋紫荆堤。

布置：①竹径由广东粉丹竹及丛状的观音竹组成；②梅竹林由"岁寒三友"梅、竹、松组成，选用红梅、绿梅、罗汉松、佛肚竹、黄金间碧玉竹组成四季不同的景色；③落羽杉、池柏组成四时不同的景观；④皇后葵路由2~4米高的皇后葵夹道而栽，用3m×3m株行距，呈现热带风光；⑤兰香路由玉兰科植物组成：夏秋间白兰、黄兰、乐东木兰、海南木莲，花香四溢，冬春含笑、九里香又盛开，芬芳四时不散，使人陶醉；⑥紫荆堤，由香港市花洋紫荆(开红花)、羊蹄甲用宫粉色，组成一个冬春繁花似锦的花带；⑦洋紫荆堤之西，尽头处用荔枝、塑石组成景墙一座，使人产生游步虽已尽，景色却无穷之感。

以上由三径两林一堤组成各有特色之景观。

4. 旅馆餐厅及百货商店景区

本区以营业服务为主，为使游人坐行舒服吃得好、住得好，借助于园林艺术手法，创造协调之气氛。

布置：①在房顶上引攀四时开花的金银花、紫藤、秋海棠、大花老鸦嘴等藤本植物。特别是厨房之顶作空间美化处理，达到掩丑布美之功效。②在旅馆附近铺台湾草地及白兰、荷兰、玉兰、含笑、米兰等香花植物，并增设室内阴生植物建造雅致、宁静的居室环境。③在餐厅周围植黄色、橘黄色植物，如鸡蛋花、黄槐、黄金竹、佛肚竹、黄婵、黄素馨、变叶木等。以黄色做基调有利于促进食欲，有利于餐厅的生意兴隆，让顾客饱餐满意而去。④在厨房周围栽防火、防污染的观花又观果植物——红苞木、红、白油茶。⑤在花木盆景展销馆后园种棕榈科植物，呈品字形不规则种植，加上与石山附近种的植物组成热烈欢快的气氛。因为此地是后园布置，节约程度可比旅馆餐厅低些，故铺设大叶油草坪，以降低成本造价。

5. 杜鹃山与王莲池景区

位置：在花木盆景园之北，皇后葵路之东。

布局：①杜鹃山有迂回曲折的兰香路穿过其中，是全园地势相对较高之点，上设歇息之蘑菇亭两座及各色杜鹃、山丹组成的以红色杜鹃为主的山冈。春日杜鹃、木棉竞相开放，展现"三月杜鹃红"的画境，吸引港澳同胞及中外宾客可以前来饱享眼福。坐蘑菇亭中，又是一番游趣。②王莲池。利用不深的湖水，引植美洲夏秋开花的水生花卉——亚马孙王莲和吐兹王莲。这两种素有“水中皇后”之称的王莲叶子直径长达2～4米，上可承受一个几岁小孩的压力，前者叶子似盘，后者似碟，附近并无其他建筑物，观赏王莲，给游园者增添了游趣。

6.百花湖景区

位置：以荔岛为中心，包括高级宾馆，小卖部，湖中湖，人心果林，蒲桃堤，黄槐堤，石榴堤，椰堤五堤及春夏秋冬棚。

布局：①荔岛是全园之中心，以荔枝为主体，突出荔枝之风韵，还有池中植红、白、黄睡莲，还有秋冬开花之杜鹃、秋海棠和大花老鸦嘴等藤本组成的秋冬棚。在岛中设古亭一座，坐在其中，可透过绿阴欣赏各个不同方向的景色。如小卖部、游船码头、宾馆、葵堤、洋紫荆堤、夏棚、荷花池等景色一一收入眼底。植物布局上采取“有掩有开”的手法，掩的目的是为防止“一眼看穿”，开的目的是为了借景和增加岛外景色。本岛是本园之“灵魂”与“明珠”，故草地用以台湾草，植物丛布置宜精巧，防止单调乏味。②高级宾馆：入口处用台湾草坪，设花池和隔音之人心果“绿墙”。还有散生的荔枝组成一个宁静幽雅之空间，宾馆用阴生植物摆设，池中植水生红、白、黄各色睡莲，放养鲤鱼，景在室中，大有“世外桃源”之感。步出宾馆往南便是大叶油草草坪，坐在夏棚（金银花）北可观赏游艇嬉戏，又可观赏蒲桃堤的累累硕果及春棚上火红的爆仗花，还可欣赏素有“出污泥而不染”的荷花，勉励人们保持荷花之节操，精神倍增。南可远眺洋紫荆堤，尽览香港市花的锦簇繁花的欢乐气氛。

7.青少年宫景区

位置：春棚之北，北门直至游乐场地区一带。

布局：①北门墙后植荔枝，特别是北门相对之路口处设荔枝灌丛“绿色屏风”一面，由荔枝园灯花、金山铁树、塑石及棕榈丛组成。入门是荔枝，有画龙点睛之功效。植物屏风比建筑屏风更优胜，更生动。在塑石上可请名人书题刻上“荔香”或“荔醉”等字样，使人进园引起有兴趣的回忆和联想，记起苏东坡咏荔枝名句“日啖荔枝三百颗，不辞长作岭南人”（也可作竹筒挂联，附在荔岛之荔亭上），增添游人的游兴。②绕过植物屏风，通过椰子路（由大王椰子组成）两旁可观赏大草坪上奇特的“沙漠之舟”——旅人蕉以及几组热带植物丰姿（木棉、假槟榔、南洋杉、榕树等以不规则三角形组丛栽植），在椰子路北设立荔枝花园形成花坛一座，由苏铁、红桑、红草、天冬和变叶木等红黄分层布设花坛与几何形的少年宫相映照。它与少年宫后的台湾草坪航模组成一个活泼欢乐的文化娱乐场所，使青少年在这美好的绿化环境中身心得到陶冶。③青少年游乐场的绿化设施，应依游乐设施而定，但原则上是开敞、活泼，铺设大叶油草坪。中配植乔木灌丛植物，其中引种野生植物——山丹、假杜鹃、野牡丹等，以增添园林的野趣式。少搞人工造作的造型花卉盆景，使之与本区活跃气氛相协调。

8.围墙

全园以绿化带作围墙共厚10～20米，长3.132公里，可栽乔木阴香、黄槐、短穗鱼尾葵、人面子、白千层、石粟及大红花、假莲乔、九里香、山瑞香等，组成一道立体绿墙，有净化、隔音和美化的作用。规格为3m×3m，因围墙建筑是透式的，故绿化布置按各区功能各不相同，有开有合，宾馆处宜封闭式，因住宿处不能受外界干扰，以保持环境安宁、雅静，游乐地方宜采用“可望不可即”的半封闭手法，使园外游人受园中迷人景色吸引而来。在围墙中栽植攀绕植物，如勒杜鹃等以及冬春开花的刺桐、龙牙花，夏日开花之红杏，使园内的绿化渗透到园外，在绿墙外还可以领略到“一枝红杏出墙来”的意境，增加公园的园林渲染力。

总之，目的是通过园林的艺术手法，使荔湖公园构成一组组富有南国园林特色的亚热带风光的立体图画。设计之魂，以植物为兵布阵造园，融五行阴阳方位制化之理，达到易经之环境生态与人之和谐的天人合一观。

说明：此设计是《李氏绿色兵法》的周易应用实例之一。因公园按风水格局去造山理水，地形刻意修成葫芦形，故名水木葫芦法。（本工程项目本人无参加施工）

按水木葫芦法意念建造的深圳荔湖公园（东和公园）全景

公园门口　　公园入门的“植物屏风”

沙头角荔湖公园（东和公园）

湖中岛——太极乾坤图，风生水起，闹市中绿色明珠。

本设计由已故老红军、广东林业厅老厅长马哲武主持，蓝启明工程师总体布局，园林绿化设计与绘图由笔者负责。现改名东和花园。

六、立德粉厂硫酸车间15年环境整治（除酸还绿法1988~2003）

广州市立德粉厂对绿化很重视。为了搞好环保，保证工人的身体健康，多次进行绿化，但遇到一个大难题，就是硫酸车间因酸度偏高，栽下的花草树木不胜负荷，栽了一批又一批，难以成活，厂里要求我前去解决这个问题。我进行了现场分析，选取了抗酸度高的植物材料，把植物分阴阳五行、八卦方位进行造园，取得了显著的成效，成活率达到99%。11年过去了，植物生物场呈现生机，昔日酸雾迷眼，现在空气清新，工人在绿化环保的生态环境中个个精神焕发。

立德粉厂硫酸车间15年绿化成效

七、培英中学校园绿化施工（花香益智法1989~2005）

培英中学是广东省的重点中学，又是著名的老校。为了帮助教育部门建设好校区，笔者进行精心设计，按照“李氏绿色兵法”，依植物的五行适地适树，设计花架栽上紫藤，在钟楼下的绿地布置水池、石山、绿草坪，在草坪上设置园林小路，在小路旁栽上五行相生、四时花香不断的花木、灌丛，通过植物的气场作用，使环境清新，提高学生的智力，有益学生身心健康。此为《李氏绿色兵法》之**花香益智法**一例。

培英中学花香木棉红

培英绿化新貌

——赠培英中学罗校长、姚校长

钟楼脚下草茵茵，
银花落处点点金。
罗浮飞来石一座，
假山不假胜似真。
曲径通幽四时新，
花架设凳好坐人。
期望紫藤早成荫，
花丛映处书声频。

说明：本工程设计与施工还有广东省林业勘测设计院卜庆珠、江建发工程师等参加。

八、深圳国际机场（旧与新办公楼，植物五行法）

深圳国际机场，原名叫黄田机场，建在深圳黄田与福永两地间，1991年笔者应聘到深圳莲花山花木园任专家，有幸主持深圳国际机场的旧与新办公楼的园林绿化设计。

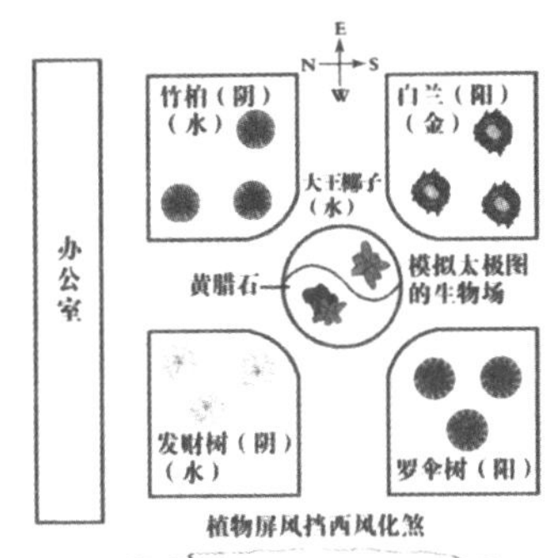

深圳国际机场办公楼绿化示意图（原办公室）

原办公楼有六块绿地，是按照植物五行来布局：

1. 西北块是用属水的竹柏，西南块用属木的发财树，东北与西南都是处于较阴的立地，所以用耐阴的竹柏和发财树。

2. 东南块用属金的白兰，西南块用属水的罗伞树，东南和西南都是处于较阳的立地，所以用阳性的白兰和罗伞树，以求阴阳和，合适树适地。

3. 这四块绿地用金生水，水生木，三合局布阵。

4. 中央圆花坛，模拟太极图的生物场布植，以黄腊石作阳鱼之眼，用苏铁作阴鱼之眼，这太极图腾是高科技二进位的符号，是太极文化易思维的意念。

5. 西边的一块绿地，因方位是在西，用属水的鱼尾葵，以泄西太阳的西斜热气，给办公室前的绿地带来阴凉之气场。

新办公楼面积比旧办公楼大得多，办公楼是座东向西的，气口是在西，属金，所以整个气场以土生金为主笔。

6. 办公楼前中心花坛是长方形，左右青龙白虎平衡相抱，格局是均衡对称，故植物造场是用规则式的，建造宏伟宁静的办公环境。

7. 中庭用五行俱备的植物组成块状以求得生机。各个方位都按不同的卦象对号入座，建造曲径通幽、鸟语花香、四时皆春的气场环境。

8. 在厨房栽种防火植物（属水的植物）和抗污染的植物以净化。

9. 餐厅栽植黄色花卉（属土的植物）以促进用餐人的食欲。栽植没有花粉污染的树木花卉，有利于工作人员的身体健康。

10. 电房、机房栽植吸尘、吸废气、抗污能力强，并能吸收电磁波的植物，以净化空气。

11. 厕所宜用有遮蔽能力的植物材料以求掩丑扬美，并栽香花植物，以保持空气清新。

说明：本设计由笔者总负责，莲花山花木园黄天培队长施工。按易经的思维，提供了多个方案给机场指挥部选取。其中还用仿天上的二十八宿星辰布阵，待今后《李氏绿色兵法》系列丛书再详细介绍，在此不作述及。

设计主题诗

特区建机场，
廿八宿用上。
五行花木美，
生机送呈祥。

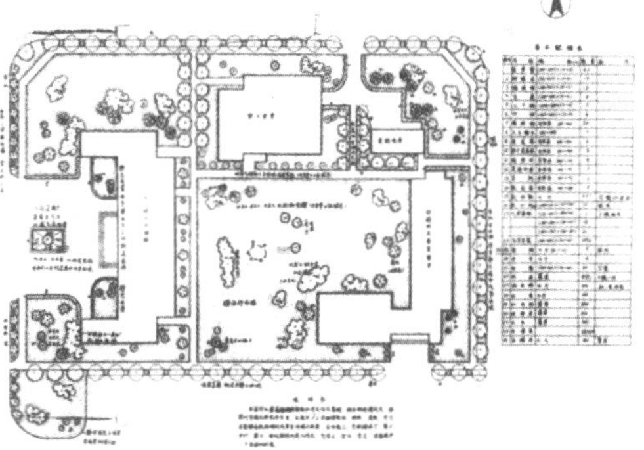

九、洋溢人才英姿风采的明园——某干部培训中心

本中心是培养人才的摇篮，园林设计是为此功能而服务的。人在园中，对着明月、星辰与天空，茅塞顿开，明白事理，故此园名为明园也。将明园分为十个园林景点：

1. 绿屏迎宾 为入口处一小景，布置黄金间碧玉竹、配以鱼尾葵、水石榕、黄榕球、火石榴等等，组成一道绿色的屏风，有引人入胜的作用。

2. 红棉旭日 在明园的南边，使用挺拔擎天的木棉树为中心，配以鱼尾葵、尖叶杜英、鸡蛋花等植物，组成一景，英雄树与日争辉。可作篮球场背景，它五行属火的植物与水塔达到平衡。还有掩丑扬美的作用。

3. 旌旗礼立 明园中心。边有榆树盆景。

4. 宝榕聚谊 东南边种植高大的榕树，树底配以石凳供人聚会交谈。

5. 七星朝斗 东南边种植七棵蒲葵，以小熊星座布阵种植的园林小景，同样兼有这个用处外，并增加跳跃气息！

6. 层林叠翠 东边种各种树木（鸡蛋花、大叶紫薇、鱼尾葵、桂花、南洋杉）形成一景。除了这里可有化解三角煞外，更会给人一种曲径通幽、恬静写意的感觉。

7. 双龙戏珠 东北角是个斜坡三角煞，这里使用种红草与台湾草，组成园林小景来化解。斜坡下还布置了七座英雄雕塑。

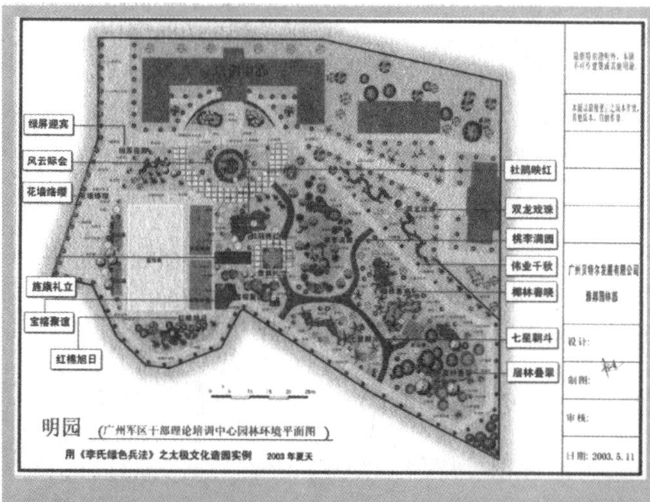

明园（广州军区干部理论培训中心园林环境平面图）

用《李氏绿色兵法》之太极文化造园实例 2003年夏天

8. 椰林春晓 山坡上种植国王椰子、山瑞香、苏铁、红绒球。

9. 桃李满园 东北角用桃树、李树种植成园，称其为桃李满园。

10. 风云际会 办公楼门口（北边），喷泉、象形石为主体的园林小景，种植造型勒杜鹃、美丽针葵、剑麻、花叶姜、黄金叶。

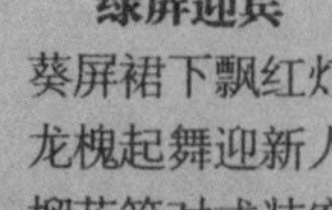

绿屏迎宾

葵屏裙下飘红灯，
龙槐起舞迎新人。
榴花笑对戎装客，
翠竹扶摇接嘉宾。

红棉旭日

旭日东升出彩虹，
红棉挺拔迎春风。
君子立下凌云志，
誓保江山万代红。

宝榕聚谊

苍树如盖老盘根，
战友相聚情谊深。
克己奉公共策励，
四海为家心连心。

层林叠翠

翠云飘飘层层楼，
南杉挺拔跃岗头。
万绿丛中遥望处，
紫薇送夏又迎秋。

注：南杉——南洋杉，
紫薇——花期长，
达夏秋两季。

桃李满园

灼灼桃李满目春，
循循善导园丁勤。
历尽灯下不眠夜，
喜看明园育人新。

椰林春晓

椰林丛中有国王，
热带春晨好风光。
国之栋才由此出，
极目高岗志昂藏。

注：国王椰子为棕榈科之王，
故有国王椰子之名。

伟业千秋

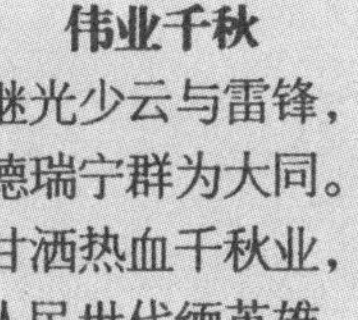

继光少云与雷锋，
德瑞宁群为大同。
甘洒热血千秋业，
人民世代缅英雄。

说明：本设计与施工还有助手朱剑光、文松、邹华工程等参加获广州众多领导好评。

十、肇庆古亭世界设计意境（植物七星朝斗法 2001年春）

设计主题诗

天星飞落玉镜中，
彩云烟雨绽芙蓉。
柳影氤氲蓬莱阁，
玄机尽隐绿草丛。
亭若天星星若亭，
君口未开心自明。
色色皆新形有别，
七星朝斗天生成。

肇庆星湖太阳岛古亭世界区环境设计

（一）巧布七星，深含易理

“古亭世界”含易学之义，囊括中国古代古哲学——易经中三个传统的内容：一、天人合一宇宙观；二、阴阳和合平衡观；三、物质的五行生克化观。

在形酷似“斗”的太阳岛中，“斗”中有“斗”，在太阳岛上的“斗”，仿天上的七星北斗，以小熊星座均衡对号入座，饶有古典之特色风味。

（二）七星化亭，星亭有别

1. 中华一亭——称“天枢亭”，建在天上北斗星座的“天枢”星位上，誉为北斗杓口的第一颗“星”。亭身为八方形重檐；按河图洛书数“8”为木，8的术数也为木，故宜栽植属木的植物以配之。因而选择五行属木的雪松、水石榕、蒲桃、二乔木兰、无忧树及沿阶草、九里香、酒瓶兰等植物组成相应的气场。还有因木要水来生，故宜配属水的植物如盘架子、米兰、星光垂榕等以生木之。第一星亭周围植物组成的植物气场还有调治人之肝的功能，特别对吸烟者、呼吸道有毛病的人有效。

2. 第二亭，紧靠“杓”上第二“星”，称“天璇亭”，在天上北斗的小熊星座的“天璇”星位建造而得名，为一座六角亭。按易经的河图洛书取“6”为水，故属水星，绿化植物宜采用五行属水植物，如荷花玉兰、水松、落叶杉、袖珍椰子、白蝉等属水植物，在“天璇”亭周围，因植物属水，植物场化作用有利于调治腰肾毛病，尤其是老年人腰肾毛病多，在此有调治作用。还有因“水”是由“金”生，故配以属“金”的植物，如九里香、姜花等。

3. 第三亭，在“天璇”之侧、北斗星杓之底位置建造，称为“天玑亭”，为一座五角形。按易经之理，“5”为土，属性为艮土，而五行的生克制化，土为火生。植物布局宜以土配火性植物，如黄色的黄连翘、黄金榕，开黄花的黄花素馨、桂花等为理想的布局植物，组成有利于调治人脾胃的生物场环境，还可以配一些属火的植物如大红花、红龙船花、玫瑰花等以求得火生土之制化。

肇庆星湖古亭世界

4. 第四亭紧靠“天玑亭”称为“天权亭”，为一座四方亭。易经含“4”为金，故属性为金，植物场布植宜以属金植物配以属土而求取土生金之效。布植植物如尖叶杜英、椰榆、海枣、金钱榕等植物为主，配以山瑞香、茉莉花、白蝉、狗牙花、冷水花、文殊兰等，亭边树阴下可配耐阴而又属金的蜘蛛兰、天冬等花卉，还有放置盆景植物满天星、九里香。“天权亭”附近植物场有治疗呼吸道毛病的作用，使游览者在赏心悦目之际，尚可使身心得到陶冶。

5. 第五亭，位在“天权亭”之侧，称为“玉衡亭”。屹立湖中，为一座特有的三角亭。按易理“3”为离火，性属火，亭以红色，故配植物以属火，红色为主，在亭的附近配以红色为主的九种荷花。在“玉衡亭”观赏之余尚有益于对心脏进行调养，特别是对一些有忧郁心态毛病的人，可激发他们增加对生活的勇气，向往美好的人生。

6. 第六亭，位在“玉衡亭”之侧，称为“开阳亭”，为一座扇形亭接近波浪形，五行属坎水，为“水”亭。植物配植以金生水来布阵。选用属金和水的乔木，有荷花玉兰、尖叶杜英、木犀榄、花叶榕、猫尾木等及湖中的各色荷花，可获补肾养肺之功。

7. 第七亭，位在“小熊星座”之“杓柄”终点，称为“摇光亭”，为一座汉白玉饰面的圆形亭。按易经五行之理属金，故植物布植为五行金由土生。选材有吊瓜树、罗汉松、国王椰子、枕果榕、黄榕、七彩大红花等。此植物生物场的建造均起赏心悦目、调神养心、健体之效。

除各亭外种植与之属性相适应的植物外，在亭内还可摆设或吊挂相宜属性盆花、盆景，使亭内外绿化更加赏心悦目、景色和谐。

（三）七星朝斗，斗动星移

此景为“北极星”朝仰中心，应是七个风格迥然不同的古亭的核心，它是一个双层不断动转中的珠——风水球，为一个直径1.1米的紫红色石质球体。它被置于直径为2.1米的水池中央，并引水池冲击催动球体转动。外围由红、黄、白、紫（蓝）、青色不同植物组成的色块包裹，并配置八个柱装喷泉。夜间灯光照射，八条水柱腾空冲起，组成七星朝斗，有画龙点睛之效果，蔚为奇观。

植物北斗七星图

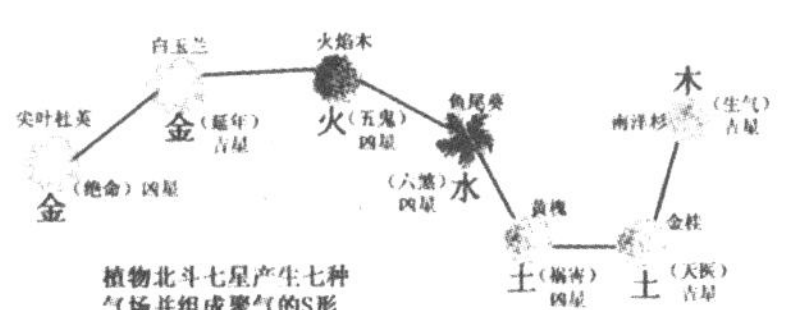

（四）玉带连星，游龙成戏

七个“星”亭由游龙回廊相连，半封闭式的花架，可塑竹木，可避风雨和烈日，又引攀援时开花藤本植物：春，紫藤；夏，金银花；秋，海棠藤；冬，宝巾藤及大花老鸦嘴。

（五）功能分区，步步皆景

古亭世界巧借中国造园学之“袖中乾坤大，壶中日月长”之“缩龙成寸”神韵，在十三亩的小小空间中分成四个不同的功能区：西北（A）为主亭区；东北（B）为文艺表演区；湖中（C）为荷花景观区；西南（D）为绿化休闲区。

（A）区绿化与建筑的比重为：栽玫瑰、季节花卉，以绿化伴衬建筑；（B）区为了使游客在水景边观景，以香花、色彩斑斓的花卉点缀其间，使环境声色皆丽，气氛活泼；（C）区为荷花景观区，突出水芙蓉水生植物景观（荷花植物选用九种）。（D）区突出绿化优势，仙人掌科、热带植物龙血树等分散于朝鲜草的“大草坪”上，组成热带风情。

（六）堤岸拂柳，段段有情

堤岸拂柳成行，使星湖失去多年的柳堤重返此地，倍增绿色生机。除成列成景外，还注意三五棵成丛栽植，开辟“林窗”，以便观岛外湖景。堤岸除了垂柳为主体外，还分段栽植蒲葵、落羽松、蒲桃、串钱柳、洋紫荆、桃花、水石榕，分别成柳堤、葵堤、松堤、桃堤、紫荆堤、槐堤等分段景观，每段乔木下有不同植物成带成球伴脚环绕其中，均按五行相合相生而配置。

（七）景墙园路，服务主题

1. 景墙景门可设4～5个，以分隔空间，造主体景观。分入门景墙，古曲式，红瓦粉墙。因是太阳岛入门，是收门票之处，故体量宜大且要壮观大方，高3~4米，宽4~5米。其它景墙景门可分别设在四个功能区的分界处，要求各有特色，绝不相同。材料可石可竹可木，亦可仿竹、仿木、仿石而制作，门墙有各种形状的景窗，上悬挂或摆设各色盆花或盆景。

2. 路：可分段铺砌，有爪纹路、荷裂路、云石路、卵石路、网眼砖路（中铺种草皮——有生命的地板，此砖还可依地台铺砌在A、B、D等人流聚集多之处），各段不同，各有特色。宽度可因地制宜，一般0.8～2米。

（八）北斗南移，巧成奇观

按传统易理，小熊星座为朝北之斗，今次造园却一反常态，为何？只因本园地小所限，并为了景观“密宜远、疏宜近”，为游览观赏之需，让入园投视取得最佳的视觉，故此在方向上作逆反的艺术处理。如此布局，可化静为动，取得传统风水学上的“和谐聚气”之奇效。

（九）造园建园，注重环保

在不足十多亩的园林景观中，由于游客多而集中，为不污染环境，本设计应注意：

1. 饮食设施不设岛上；

2. 公厕不设入园中；

3. 15～20米间隔设置一个垃圾桶；

4. 定人定时打扫地面和收集垃圾；

5. 古亭区设施不建出岛外水体外；

6. 环湖除种植绿篱外，还设置防护栏，以确保安全；

7. 污水不许流入湖体；

8. 植物尽量采用常绿的、具有抗污抗毒、不易发生病虫害的造园植物材料，而不用有毒的植物（如天南星科、马钱科、大戟科等植物），一切有利于星湖游览区的环保。

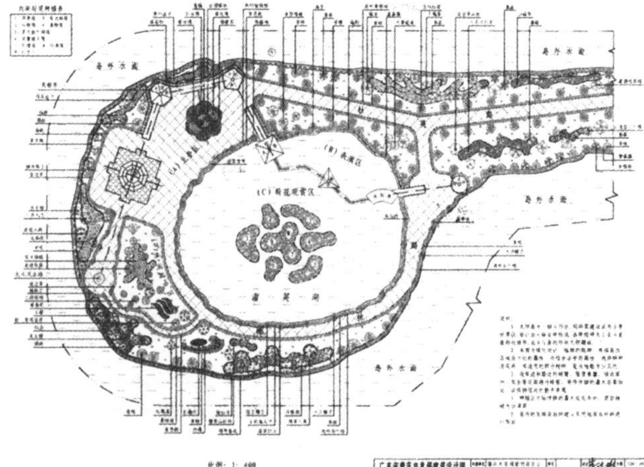

十一、深圳梧桐山国家级森林公园（林环水抱法1986~2005年）

设计主题诗

梧桐山上觅梧桐，
跑遍全山不见踪。
若要生态平衡美，
赶织绿裳迎金凰。

深圳梧桐山国家森林公园（1986~2005）十八年后重访

梧桐山国家级森林公园规划于1986年，总面积10170亩，依山傍海，优越的地理位置、优美的自然风景令人赞美。

梧桐山，海拔943.7米，登高可远眺香港、深圳，山间时见白云淡雾游荡；满山遍布松林杂灌，五条山谷清泉形成三条瀑布和数处碧潭，之后，汇合成一股清流，蜿蜒而出，注入大鹏湾。

梧桐山、大鹏湾、沙头角，这高山秀水好土，大梅沙、小梅沙、盐田港、大亚湾核电站，那颗颗明珠般的建设项目，是遐迩闻名的旅游热点和国家建设的重点工程；又毗邻香港，如若巧加利用，潜心经营，将森林公园建设成为林业科技与园林艺术相结合，社会效益与经济效益俱佳，创造安静优美的环境，调节人们的身心健康，集旅游、娱乐、食宿为一体的，深圳市人民和香港、澳门、台湾同胞、国际友人及国内人民所喜爱的有自己特色的旅游娱乐场所。

但可惜踏遍全山都不见一棵梧桐树，徒有梧桐山之虚名，直至18年后我重访，经绿化改造后的梧桐山才不枉其名。

本设计风格概括为八个字，简朴、写意、趣味、自然，设计的负责人蓝启明工程师及笔者规划设计十个民族村点缀在森林公园中。

1. 傣族的竹楼——孔雀寨
2. 黎族的干栏——椰林寨
3. 侗族的桥屋——三江寨
4. 纳西族的井干——摩梭村
5. 藏族的碉房——金顶宫
6. 维吾尔族的伊斯兰堡——密那楼
7. 彝族的棚屋——高山寨
8. 回汉族的窑洞——天府洞
9. 蒙古包——丹鹤屯
10. 台湾高山族——望乡居

森林公园设计有十个景点

莲湖待月

1. 莲湖待月——利用山下原有两口鱼塘加以修整，植荷种莲，建赏月楼一座。华灯初上，明月如镜，好风好水，清景无限而定名。

龙潭观瀑

2. 龙潭观瀑——沿小溪而上，到龙潭旧址，下筑一蓄水坝，再把潭扩宽加深，旁设一座观瀑亭，可仰望三道瀑布的壮丽景观。由于三道瀑布现在被灌木林遮盖，看不见瀑布，须对此进行修整，另外，中间一道瀑布经常无水，设想在恩上水库引一条渠道过瀑布上方，修筑一蓄水坝，改变无水的状况。龙潭旁再植桃花、吊钟、乌桕、枫香，保留芦苇野花，春到桃花流水，入秋芦苇枫叶，观巨石飞瀑，赏素流湍碧潭而定名。

碧池桥影

3. 碧池桥影——龙潭观瀑往上，在三道瀑布汇合处，筑较大型的水坝成游泳场，上建多孔石拱桥，四周配以园林景色。远望拱桥浮于林海之中，近观碧波印映桥影而定名。

绿波银练

4. 绿波银练——旧址白园。这里有茂密的松竹杂灌林，如绿色波涛，巨石飞瀑，终年似银练悬垂，左有一座幽邃山谷，下则为深渊，煞是好看，拟设一“银练亭”而定名。

5. 榕荫叠翠——旧址狮子蓬。巨石通天，瀑布斜飞，藤萝倒挂，围绕着瀑布自下而上。榕树层层错叠，终日遮天蔽日而定名。

6. 听泉相思——朔榕荫叠翠景点而上，在盘山公路转角处，相思树如朵朵绿色的云彩，茂密旺盛，放眼望去，大鹏湾的美丽景色尽入眼帘，足下深涧，泉水长流，只听其声，不见其流。在这里建造一座望海楼，游人细听泉声，远望海景，引起无限的相思而定名。

7. 桃源仙境——“山重水复疑无路，柳暗花明又一村”。通过前六个景点的爬山涉水至海拔200米高的恩上村头，这里桃花盛开，春色满园，定神一看乃是建设风格新异的“部落”，如入仙境而定名。

8. 天池倩影——利用恩上水库独有的自然环境，稍作改造，种上落羽杉、水杉、南洋楹，设两对天鹅雕塑浮于水中，草滩上设一对鹭鸶鸟叼鱼雕塑。这高山平湖碧绿宁静，高高的梧桐山，翠绿倩美的大树排列有韵地倒映在池水中而定名。

9. 梧桐烟雨——在梧桐山627.3米标高的山头上，设一座烟雨楼。这里，时常白云飞渡，烟雾缭绕，为游客攀登山顶休息之处而定名。

10. 云岭远眺——梧桐山顶943.7米标高，是深圳市最高峰，设置一座小卖部，垒筑一些石屋，配备1～2台高倍望远镜。站在山顶，眺香港、深圳，俯瞰沙头角、大鹏湾，一幅幅祖国南大门的大好河山画面展现在眼前，令人心旷神怡，豪情勃发而定名。

此设计项目编号：粤林生字[89]1号，总规划、素描插图：蓝启明。森林景观规划：孙淑友、郑镜明。景点园林规划：李德雄。

榕荫叠翠

听泉相思

桃源仙境

天池倩影

梧桐烟雨

梧桐烟雨

十二、Y市大院园林绿化设计（按河图九宫八卦原位布生物场）

Y市大院面积占地约15万平方米，大院向北，以坎门作气口。按九宫八卦河图九宫原位布生物场。

用植物排“兵”，以园林布“阵”

（1）大院坎门作气口：东北五鬼廉贞火星落八白宫土位、火生土、五鬼为凶星，不能种高大树木，植物要低矮才不影响气场。植物黄色、黑色为宜，故在大院东北角栽黄色的佛肚竹，黄金间碧玉竹星“黄色”旺“土”之色，配以象征黑色属水的竹柏，以平衡之。

（2）东方：天医巨门土星落震宫，星克宫，宜化解，火木相生，以青绿为主，以木生火，火生土，造成重重相生（纳紫气。益官位相对稳定和升擢）；植物配幌伞枫（属木）和属水的南洋杉、福建茶（属水，水生木）。

（3）东南方：巽方为四绿木宫，生气贪狼（吉星）落本宫之位，水生木为吉之位，宜绿色（木）与黑色（水）以水生木。栽阴香、人面子、樟、桃花心木和竹柏（水）。

（4）南方：延年武曲金星、南方九紫宫，有火克金之局，宜用黄（土）以调之，造成通关之色，火生土，土生金（吉位），配含笑、桂花、铁刀木等黄色属土植物。

（5）西南方：坤宫为二黑之土，破星绝命金落入土宫，以益木，有稳土之意，栽植水石榕、白薇、狗牙花等白色系列乔灌木。

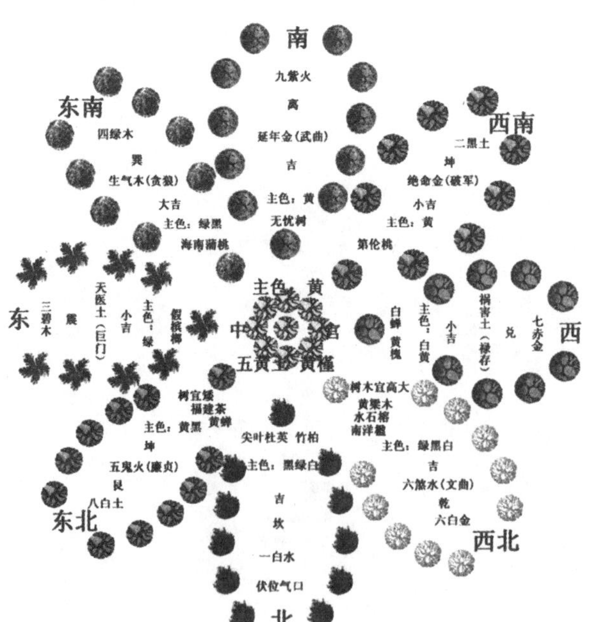

河图九宫八卦植物布植图

（6）西方：兑宫为七赤金星、祸害绿存土星、落入金宫、形成星生宫，此宫为小吉之位，宜白色、黄色，忌红色，故布白色的尖叶杜英、黄色的黄槐等组成生机之局。

（7）西北方：乾宫为六白金星，六煞文曲星（文曲水星）落金宫，是星生宫此位最利文昌，故布高大植物，才有利于文昌与进取精神，且坚持原则，执行政策，布植一年长4米的高大黄梁木、南洋杉、英雄树作文昌，有开发智慧之效。

（8）北方：坎宫气口之位，一白水进入此宫，此宫忌红色，宜黑色，生水之意，有利于布植属水的鱼尾葵、竹柏等与之相配。

(9)中宫：为五黄之土星，本院办公主体建筑建于此位，此地为政权所在领导思维活跃，为群众办事，一心一意，气势庄严，黄为王者之色能控制大局，有利于四方民心之稳定，故布植属土的植物场，如铁刀木、台湾栾木、鱼木等。

(10)双龙戏珠：乾宫为头首，当家位设北斗星作青龙以壮之，对领导吉利，位是五鬼火，凶位设七斗星(水星)以镇五鬼之凶，今年与北大利施之正合时势，已酉丑会坎局，三煞在西，按命卦20年一运，布局"双龙戏珠"以化煞，分别用鱼尾葵、南洋杉各七株，布植成"大熊星座"，加上红色的杜鹃(属水)与属水的龙舌兰组成水火相戏的"双龙"，以英雄树作"北斗"，构图甚为壮观。

(11)用红草、绿草、黄草、吉祥草和红、黄色龙船花、天冬组成有生命的花坛，布成"勤政"、"爱民"、"廉洁"、"奉公"的字样，使绿化、美化结合，园林艺术与宣传效应有机结合。

综上所述，应用九宫八卦河图的原理布生物场，应用于园林绿化与施工，乃笔者三十多年来太极原理的实践。因植物材料一般比建筑材料便宜，造价上是节约了。更重要的是植物材料是有生命的，是"石屎森林"建材无法比的。依据易经的天人合一观，阴阳和五行制的机理，采用植物材料作"兵"，布下的太极八卦阵图，有益于我们的生活空间环境优造化，提高环境的质量，造福国家与人民。建造良好的绿色风水，越来越受社会与人们的欢迎。

根据Y市大院设计方案写成的**"植物太极图在园林设计的应用"**一文，在湖南桃花源召开"首届易经与世界和平暨经济发展国际学术研讨会"上发表，并获得论文一等奖。

Y市大院绿化近况图之二(2004年)

Y市大院绿化图之一(2004年)

十三、私家别墅花园设计（太极扇法）

本设计按《李氏绿色兵法》的易学理念指导下完成，主要掌握了几个关键问题：

1. 治山理水要得法，小宇宙与大宇宙气场一致。把一块空地造成高底跌落有致、西北高东南低，符合中国地势气场。在西北建文化石墙，水从西北流往东南，配以属土的散尾葵以旺乾金之位（西北）。

2. 西北水经太极扇形花架流向东南的葫芦瓜形池塘，以聚气。居住者坐在立体绿化的扇形花架下可吸收属土养胃的桂花、含笑花气场，有利养生。

3. 水中有乾坤，在葫芦瓜池塘中修个肾形小岛，经小石桥可进入其间。此为小花园中的三个景点之一（文化墙跌水、太极扇形花架、肾形小岛），人在水中小憩时，可吸收动态水与植物气场中的负离子。

4. 通过植物与园林小品的布局，达到天人合一，小中见大，建设私家花园有“缩龙成才”，“袖中乾坤大，壶中日月天”的小巧、精雅、怡趣、和谐之效果。

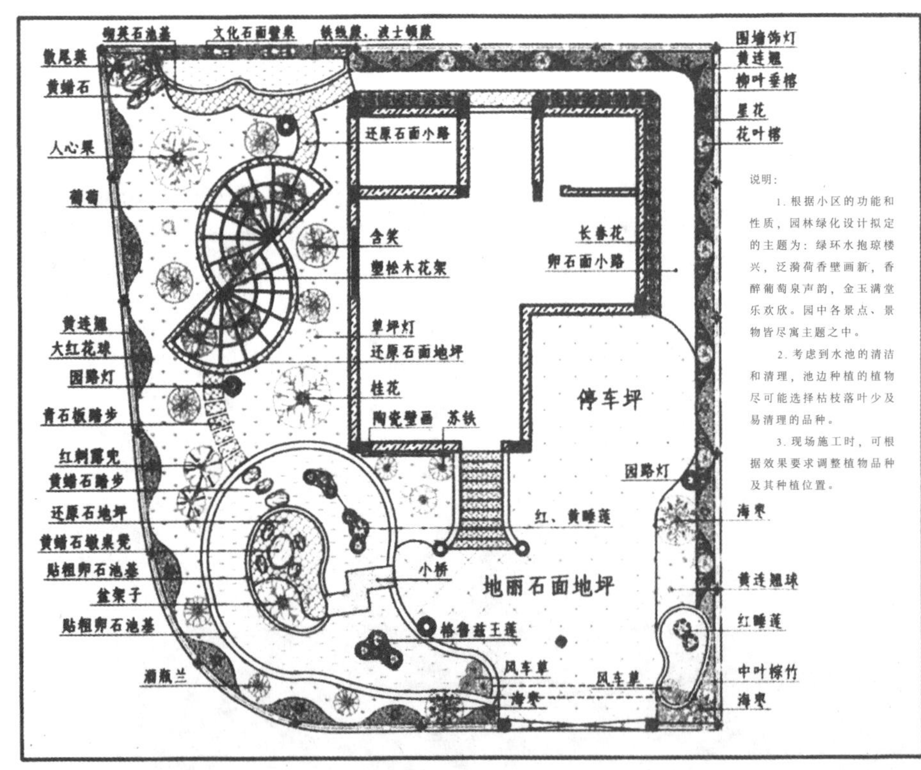

黄氏私家花园生物场布植图

以上的园林设计图是南海某住宅花园的生物场布植图（2003年春已建成）。设计：李德雄；绘图：何金恒、梁文海。

十四、激发时代乐章的花山广场

花山人民广场地处花山两龙、坪山和106国道交汇处，是花山人民政府所在地，集政治、经济、文化集会、庆典于一体的政府广场。广场占地约108亩，其中建筑占地约12亩，园林景观占地42亩，广场及其它占地53亩。

花山人民广场在整个园林景观的设计上以简洁鲜明、庄重活泼手法，结合纵轴线、横轴线对称而开展。在整个园林植物造景中，遵循了主题性原则、美学原则、艺术原则、生态性原则和天人合一原则，达到以人为本的设计目的。

1.主题性原则：花山城北因出产菊花石而得名，因此菊花已成为花山的象征；在新时代，百花齐放，万物竞秀，花山人民已在自己广阔的舞台上，迎着时代的东风，奏出了时代的强音，迈出翩翩的舞步，争奇斗艳，蓬勃发展。

（1）A区为广场的主要入口，在植物造景中以飞翔的“和平鸽”、放飞的“气球”、象征花山的“菊花”以及简洁的“花山广场欢迎您”字体，象征花山人民热情好客，迎八方宾客前来投资，共同发展。

（2）B区的设计以简洁、鲜明、活泼的“音符图案”和“琴弦图案”与舞台相互呼应，动静结合。

（3）C区位于镇政府办公楼前，植物造景以鲜艳的“飘动彩带”与旗台上高高飘扬的红旗相互呼应；同时“科技图案”已体现出花山人民的时代气息和智慧。

（4）D、E区位于镇政府办公楼的东侧、西侧。D区以休闲、娱乐功能为主，植物的配置上与之适应。E区为广场的次入口，植物造景以“朝阳图案”和抽象的“凤凰图案”配植，体现花山政府英明的决策——“招商引资、筑巢引凤”。

（5）中心花坛为整个广场横轴、纵轴的焦点，植物造景以放射而紧密的色块来表现，同时采用立体造型，植物选择上以鲜艳的花为主，体现花山人民团结、奋进、积极向上的精神 。

2.美学原则：对称均衡，中轴分明，左右前后相互呼应；注重色彩的轻重感、华丽感与朴实感；运用了条纹状配色、对比配色等较成功的配色。

3.艺术原则：植物的造景与自然环境、建筑造型、画面构图统一考虑，一步一景，步移景迁，变化统一的原则。注重“衬托与对比”和“节奏和韵律”表现。如B区，植物布置得三五聚散、错落有致、高低起伏、深浅远近，做到浓淡适宜，容易激起人们的韵律感，给人以美的享受。

4.生态性原则和天人合一的原则：植物群体成片、成带、成面、成点，既有广阔草坪色彩明艳的花坛，又有立体垂直绿树成荫区域，还有鲜明的南国风光景区。整体布局按《李氏绿色兵法》布阵：选用植物新颖，考虑植物的五行、相生相克，对应造园空间八卦方位，做到阴阳调和摆设布局。植物有香型的、观叶、观姿、观色的，增加有趣的科普效应，遮丑扬美。同时选择了“适地适树”经济性树种和乡土树种；选用的植物材料，少病虫害，易管理，抗污染，吸尘抗风，对人健康有益。如木棉五行属火，对人的心脏有益；尖叶杜英、九里香、白兰、荷花玉兰均属金，益人之肺，对抗非典、呼吸道的传染病有一定作用；含笑、米兰、桂花等属土的植物，对人的肠胃有补益；棕榈科植物和罗汉松等属水，对人的肾部有一定的补益作用；小叶榕、南洋杉等属木植物对人的肝脏有补养作用。

说明：本项目总策划为骆回，笔者为总设计，制图为李权，施工为花都绿回园林公司。本工程被评为2005年“广州市优秀景观工程项目”。

十五、用太极文化建造的省立中山图书馆（1999~2005年）

用太极文化建造的广东省立中山图书馆大门及中庭

省立中山图书馆天台花园绿化图

说明：省立中山图书馆的园林设计是笔者总设计与施工的成果，前庭和中庭的绿化工程，参与有省林业调查规划院（省林业勘测设计院）江建发副主任（工程师）、许文安（高工）和王喜平（高工）等。天台花园除了笔者作总设计和总施工指挥外，参与的还有何金恒高级工程师、杜庆权工程师、李泽文工程师，制图有仲恺农业大学实习生陈国华等，黄村花木场场长黄浩波负责施工，工程优质，评价为“优质工程”。

十六、南海市蠕岗山顶公园园林设计（灵龟舞双龙）

艺术构思

蠕岗公园像一颗绿色明珠，镶嵌在桂城中，她为市民提供一个闹市寻幽的养生怡性娱乐的场所。因蠕岗此山形似龟，设计中用属火的木棉与属水的鱼尾葵分别组成两个小熊星座，因又似龙，整体构思以灵龟舞双龙为寓意。

山顶公园作为具有南国特色的园林，应用自然流畅，古典式的造园手法，面积虽不大，仅40000平方米，但用园林艺术手法，造就一个寓科教于娱乐，令景区成为赏心悦目，乐而忘归的美好乐园。

一、本公园景点

以绿林、高塔、亭、阁、台、花廊、迷宫、喷泉、塑石、雕塑、名树奇花、草坪与游乐设施，构成一个既有生动活泼，又有寻幽探胜，动静结合的优美环境。

二、主要园建

1. **文昌阁**二层，占地440平方米，古典建筑，黄琉璃瓦、斗拱飞檐、红栏杆、色彩艳丽。文昌是古时读书之地，这里设施呈现书香气氛。楼上书画、文史展览，楼下可作小卖部，出售精品、艺术品、纪念品等。

2. **电视塔园中园景点**

电视塔中心建灯光音乐喷水池一座。直径10米，中心是螺女塑像（高3米），是一个仙女手托玉盆，内盛螺一个，水从螺肚喷出，汇入玉盆水从头上溢出淋下，池下喷头有球状、杯状、冰塔、涌泉、孔雀状、扭秧歌状，随音乐、灯光闪烁，变化万千，成为本公园主体中心景点，吸引游客，趣味无穷。

喷水池边缘栽有刺的龙舌兰，边伴天冬、吉祥草。花池与水池组成美化、防火、环保三功能的水池。

电视塔平台由石栏杆围绕，栏杆云头雨脚，制作精巧。电视塔平台由二级组成，分别是大理石与网眼砖组成。网眼砖中留洞眼，可栽植阶前草或台湾草，建造有绿色生命的地台。最高一级平台上摆放60多种阴生植物与兰花植物，挂上科学命名牌子，以科教知识展示给游客。

3. 月洞景门

南北各一个，高2.8米，古典式，请名人题匾作对联，黄或绿琉璃瓦，白粉墙，上有景窗。

4. 瑶台与琼台

瑶台与琼台是山顶公园东眺望台。长宽分别为11米×3.5米，上设栏杆，内设坐椅，供游客远眺市区及休息。

5. 回廊与花架

可避风雨，又能援引藤本植物上架，产生垂直美化的效应。共150平方米，引种春日开花的紫藤，夏日开花的金银花，秋开花的大花老鸦嘴，冬天开花的勒杜鹃。四季变化，色彩缤纷。

6. 假山与喷水池

塑黄蜡石假山高3米，宽11米，两块对峙立于文昌阁右侧回廊前的水池中。（水池面积89平方米）池布喷头造水景，池边栽睡莲，组成“动景”。

7. 叠石迷宫与植物迷宫

这是全国首创的设计新项。专门为培养少年儿童探险探趣、开发智慧而设。一般适宜5岁以上的儿童游乐。叠石迷宫是塑造奇特嶙峋的石洞，让儿童在里面摸索进出。

植物迷宫用高大乔木与花木组成一个太极图，砌栽成一道篱墙，曲折、扑朔迷离。

8. 耀波亭（四方亭）

在园东路上，方形亭作半山歇脚之用。要求黄瓦、圆柱、雕梁画栋，古色古香，面积11平方米。

9. 朝阳轩（三连六角风雨亭）

位于山顶公园东，由三个六角亭组成。气势宏伟，金色琉璃、红色栏杆，安置“美人靠椅”。具有中国民族特色的古雅建筑，面积105平方米，在亭中可观看一轮红日从东方升起，甚为壮观。

10. 儿童游乐园

儿童游乐园为12岁以下而设立。因山上地面积所限，故宜小，不宜大。搞小型的电动游戏；塑大象造型；滑梯；塑长颈鹿、公鸡、白兔等小动物，让小朋友能在大人扶持下骑或坐上去。还可设秋千、荡船、跳板等设施。本园最突出的是叠石迷宫和植物迷宫，以提高儿童游乐兴趣。

这里特别提出的是此游乐区，选用植物要无毒、无刺、无引起过敏反应的科属材料，以保证儿童游乐安全的植物有如下几种花粉有严重污染性；易引起呼吸道过敏的法国梧桐；易引起皮肤过敏的天南星科的木芋头、大戟科的龙骨、虎刺梅及马钱科、夹竹桃科植物不能引建布植。

11. 园林过路

是全公园网脉，有大、中、小三种，分别宽5米、2.5米和0.8米。有卵石路、爪裂路与踏步（町步）多种形式。

12. 借景

尽量保留原有林木在适当地方开辟“林窗”，不用投资，借远处桂城容貌，尽收眼底。

三、园林绿化艺术构思

设计原则

1. 建造的森林景观，维持生态平衡，造有特色、有趣味、有吸引力、有科教性、新颖的景观，提高设施的利用率。

2. 有利于游客在森林小憩，寓文化于娱乐、安全和卫生的原则。如儿童游乐区不引用有刺、有毒、易过敏的植物，材料不引种花果污染、落叶多的植物。

3. 具有较高的游乐利用价值，要改变有旅无游的局面，集旅游、服务、商贸、娱乐、科普于一身。

4. 科学改造林相，把单一松林化，变化混交林，提高森林的抗病力，丰富森林多姿的色彩。

艺术构思

1. 布局风格：以自由式为主，求得流畅、自然、和谐。

2. 布局艺术：成团、成丛、成带，为立体空间造景。

3. 以林为主，以绿化手法为主，建筑小品更富有生气。如电视塔平台，用网眼砖栽植草皮，构成有生命的地板，以减低日灼温度。又如不搞建筑迷宫，用植物组建迷宫，造价低廉，别开一格。

4. 空间处理：用园路曲径，门洞的设置，花丛与草坪交替，与植物障景手法，以求小中见大，达到"袖中乾坤大，壶中日月天"的境界。一步一景，步移景迁，各有特色，不趋雷同；考虑借景，互相映衬，克服一眼望穿、一览无遗的乏味布局。

5. 色彩音韵起伏，有章有法，动静结合，步步深入。求得享受自然，赏心悦目，引人入胜，游览无穷。如从北面乾门，色彩鲜艳的花木、喷水池，出现**动景**，转入两边竹径，修竹幽道为**静景**，转入西南大草坪为**动景**，穿过龙舌兰丛林为**静景**。以南门为**动景**，入门见到七颗"植物星"（红棉组成七斗星座）为**动景**，儿童活动区叠石迷宫为**动景**，电视塔园中园为中心**动景**，到东边棕榈林为**静景**，到瑶台、琼台、植物迷宫、朝阳轩为**动景**，仙人掌、柏树区为**静景**，出北门为**动景**。

6. 科学布局。以环境优选法，应用中国传统的五行论来布植，取得绿化、康乐养生之奇效。按植物不同属性，布置不同的"生物场"。如对心脏有保健作用的场地布置，采取红色的花，红色的叶植物，如红棉、火焰木、火石榴；对肺部有保健作用的有白兰、荷花玉兰、美叶桉等；调理肾脏的植物，采用黑色树皮或黑色叶子的竹柏；调节眼睛、对近视眼有保健作用的小叶胭脂（桂木）、松、柏等。选用材料造园，具有严格的科学性，绝不是见树就种，见花就栽，或不负责乱栽一通，把苗木排成队，一列列插，毫无艺术性。还有选用材料，全面考虑采用的功能。如对山林有防火功能的苏铁、海南蒲桃；有驱蛇作用的幌伞枫；有止痛作用的九里香、阴香；有驱蚊蝇的悬铃花；会释放空气维生素——负离子的松、柏，可激发人的食欲黄色系列植物：鸡蛋花、黄婵、黄槐、黄金间碧竹等引种到园中来，使山顶花园既是游乐园，又能提供生物场，帮助人们养生调心保健，比一般园林造园功利倍增。

7. 从堪舆学（科学风水学）来论证本设计的科学民俗性。

我国有世界"园林之母"美称，乃因我们的祖先成功地应用堪舆学（风水学）的结果。当今摒弃封建迷信部分，应用到本公园造园布局上来。

风水学方向很重要，不同的方向，产生不同的意识效果和行为效果。

山顶公园是乌龟形，它像欲往北面饮水的"灵龟"。脚踏佛平路，头朝向海三路，要使个"灵龟"起步，作出如下的风水堪舆布局。

8. 布局情况介绍

以电视塔为中心，西北为乾（即罗盘所示为天位）。按我国大地形四周低，而这是建文昌阁与花架回廊，配以高大的尖叶杜英，以充实天位补此缺位，当人们一登上山顶，除了电视塔，它就是最高点（天位）。

按风水学论，此地东北和西南属不吉之位（凶位"煞"位）所以东北修建像三个风

车常转的六角亭（朝阳轩），配以仙人掌科和肉质的植物以化“煞”。西南的煞气以高大的风车——董棕、树冠巨大的桑科榕属乔木和有刺的龙舌兰科植物以化“煞”。

东边以太极图（植物迷宫）及耀波亭（方亭，求方正稳定）接纳东方“财气”。

南门（坤门）与北门（乾门）由通贯南北园林道路相接，此路呈双耳状，耳向东方，有信息灵通之寓意。

园路分四条——四通八达之意，可容纳上山的人流，可聚散。

西方五行属金，故用鱼尾癸（属水），造成金生水之局。西边用60丛黄金间碧竹（属土），修成竹径一条，造成土生金之局，又可挡隔西斜热风与日灼。

“双龙戏珠”与“七星朝斗”为本园园林绿化造园又一艺术特色。

双龙：分别由两组各七株大乔木，按小熊星座布局，把电视塔作为“北斗”。南边由木棉树组成七颗“火星”（木棉属火），组成火龙一条。北边由鱼尾葵（属水）或南洋杉七株，组成七颗“水星”。双龙戏球，南北双抱，象征桂城国泰民安，双龙起舞报升平。植物品种共121个，其中乔木375株，花木2300盆，草35130平方米。品种丰富多彩，挂上牌子，使整个游乐园又是植物标本园，开拓游客的视野，做到知识性、趣味性、科学性的有机结合。

9. 科学配套结构：各主点均配以不同的主树；在主树间栽入宾树，宾树前有点景树；在丛树前配入护脚树，以加强观赏效果。

通过乔木、花、花草的巧妙搭配，与各个景点的亭、台、花阁、轩、山石、水池、花架、回廊等园林小品相配套，力求形成一个生态协调、构图优美，阴阳和合，天人合一，结构紧凑，宾主分别，对比鲜明，花叶并茂，层次分明，多而不紊，繁而不琐，既有变化，又有统一的自然景观。

说明：笔者为本工程策划、主笔设计，参加者还有龙昆阳、杨文杰、李剑锋等高级工艺师。施工为桂城园林公司黄成景工程师（总经理）、潘牛仔等。

十七、用“生命之树”理念建造的天台生态园——京溪小学

设计主题诗

“生命之树”

“生命之树”①轴展开，
叶茂枝繁②分科栽。
有赖园丁勤灌溉，
花香满校紫气来。

注：①“生命之树”为生态花园设计主题轴心，用草皮嵌种在网眼砖地板，铺成“生命之树”的“主干”。

②由树“主干”分枝而出的“小枝叶”如云彩，组成每个植物科属的分区。

本设计为教学服务，拟利用600平方米有限的空间建造一块绿色的天地，寓教于乐，是科学性、科普性、知识性、趣味性、实验性集于一身的教学园地。

1. 结合传统的文化，“继承不泥古，发扬不离宗”，应用《李氏绿色兵法》，以植物为兵，布场摆阵，考虑植物的生物特性，发挥植物的生物场能，应用植物的阴阳和合，相生相克，相互制化的原理，达到天人合一的效果。

2. 利用植物不同的药物属性和五行布局，产生一个有益的植物磁场，对学生身体脏腑有一定的治疗作用，有利于学生的身心健康，提高学生的智力。

3. 整个造园以“生命树”为轴心，以生命地毯（人造草皮地板）为“生命树”之“茎”，以每个分科区为分支“叶片”组团，包括实验区，荫棚区（春、夏、秋、冬），水生区，瓜果区，十个植物分科区，温室区，无土栽培区，动物饲养区，游乐区共九区。

4. 应用现代的高科技，注重生态建设，充分利用环保的材料，如地板用最新的材料——TVC隔水板（第一层）；防水棉、椰糠（第二层）；基肥加花肥为基质（第三层），达到保温、保湿、散热、吸水、轻质的生态环保相结合，考虑最低楼板的承载力，达到低于45公斤/平方米（包湿水的饱和状态）。同时利用太阳能集水器，循环水的再利用和自然通风（一年四季），实现环保、清洁、卫生、轻质、节能的有机结合。

5. 设计手法做到有聚有散，缩龙成寸，小中见大，一步一景，步移景迁，为小学生的生动活泼童真特点而设计。

6. 植物配置选用新颖性、浅根性、抗风性、抗病性、净化性、易管性的优良品种，挂上植物科学命名牌，提高科普教育的水平。

7. 整个布局应用与中国的大地磁场同步，采取西北高，东南低，具体是西北用荫棚，温室、花架及高大的植物等阻隔北风和西晒，东南用低矮的植物材料，可以迎纳东南季风，达到紫气东来。

以传统《易经》的哲理为我们的设计思路，以求达到天地人和谐。

天台生态园绿化设计图之二

柴门下植物分科栽种小园地

垂直绿化与唇形花科分栽区

“生命之树”轴展开

荫棚下万紫千红相争艳

由藤本植物织成的“生态之门”

紫茉莉与木丁香竞吐芳香

京溪小学《易经》植物方位磁场图

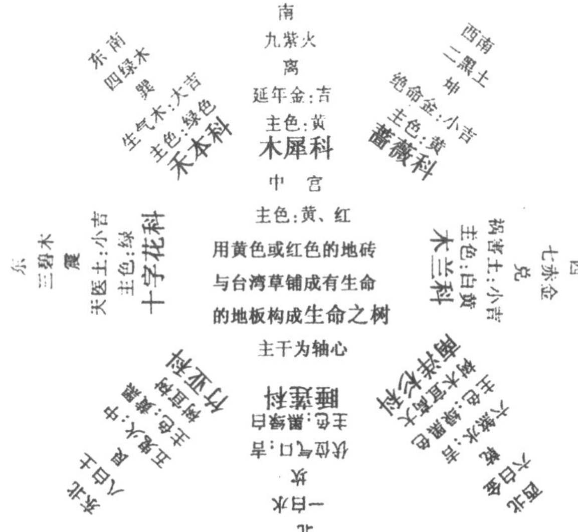

作者赠京溪小学陈校长诗

生态建校

生态建校“绿”为魂，
点木成兵布“阵”新。
古为今用讲科学，
环境如画好育人。

说明：京溪小学天台生态园乃是笔者退休后热诚关心青少年科普教育的无酬义务劳动的作品之一，竣工于2003年冬天，赢得教育部门的好评。笔者为总设计，绘图梁文海等，监督胡老师，施工徐汝志等。

十八、佛山名雅花园（一生二，二生三，以人为本理念）

佛山名雅花园是佛山城区的一个新建的住宅小区，它在闹市中创造一个生态园地，达到闹市寻幽的艺术效果。在建筑群较密集、绿化面积少、设计难度较大的情况下，而取得满意的成效，实是有所突破。设计应用太极原理，植物布局上讲究阴阳统一、五行和合、适树适地，充分发挥植物场的作用，建造绿树成荫，四季花香，一步一景，步移景变，益心宁神的园林绿地。

名雅花园之门楼，红墙红柱（火）土形（土），五行火生土

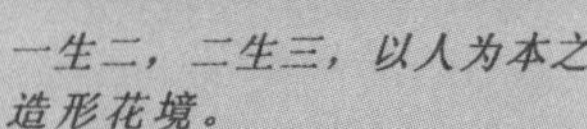

一生二，二生三，以人为本之造形花境。

古人以圆形为五行之金，《兵法》以属火的紫檀配属火的五彩大红花球及属土的黄素馨，沿圆形的幼儿园广场一周布植，组成火生土，土生金，以植物的气场吸纳广场之热浪，化炎热为阴凉。

说明：总设计：李德雄；绘图：梁明、梁银凤等；施工：桂城园林公司黄成景。

十九、世纪辉煌——'99世界园艺博览会广东馆与粤晖园筹建

天人合一的集体意念与辛劳的成果

春晖南粤，郁郁葱葱，姹紫嫣红。在中国1999年世界园艺博览会上，广东粤晖园占地面积1518m²，是一个具有传统岭南庭园特色的天人合一的自然山水园。全园以自然型水池和"枕碧"船厅为中心，以现代园林小品和花卉园艺展品等点缀园景，逐步展开"步移景异"的游览空间。粤晖园以传统文化与现代文明相结合的庭园建筑和园艺精品，向世人展示岭南园林、园艺的独特风采。粤晖园的造园的成功，博得大奖，为世界所瞩目，这个成功是各级领导的正确指导，是园艺家集体智慧的结晶，特别是设计师沈虹、陈永康等优秀的设计师提供的精心设计方案，在春节大年初二晚，陈永康设计师还不休息，虚心登门到寒舍求教植物的选材及山水的布置，精神感人。还有许多专家以及难以胜数的劳动参与者呕心沥血的辛劳贡献。笔者作为省领导委任的专家组成员之一，当明白己任，把自己造园的知识、植物学与科学堪舆风水的学问用在建园中。

（一）水法的合理建议：在五级跌水中原有一个水门是十分动人，确是一个亮丽的创意，但在我的建议下撤除，现今想来十分可惜（这里有我的责任，因我只是"弹"没有"唱"，耐心去解释到底，而造成失误）。倘若讲究水法，自北向南喷水，保留水门，那将是一道十分吸引人的风景线。

（二）船舫方向布局的合理建议：最初建筑的主景"枕碧"船厅的气口是向东北（艮门）的，后来改为向巽，在堪舆学上巽门为文昌之门；在美学上，东北（艮门）横放与园门是平衡，游人入门有压迫之感；如取巽，就是斜放，游人入门就有深远感，视觉上取得很好效果，又符合堪舆学的"居高临下"、"明堂开阔"的天人合一人居环境优选之效。最近我与粤晖园筹建副总指挥李敏博士谈起，他很有感触地说：原来设计的船厅和最后的船厅方向变了，确实是效果很好。

（三）对植物材料的选用的合理建议：粤晖园是广东精英集体之作，它创造了世纪的辉煌，荣获了"最佳展出奖"，广东厅室内展馆"室内展厅大奖"，并赢得了包括大会最高奖项在内的数十枚奖牌，为岭南园林艺术走出国门、走向世界作了贡献，为广东7000万人民争了光。植物材料选用不止74个（还有红树林的胎生植物等）。在筹办的过程中，我对室外园林设计者陈永康和室内展厅设计者方荣航和总设计师陈冠平馆长分别开列了植物材料的选用名单，提出在全国现有高等植物6000多种，广东占全国五分之一，属广东三大优势植物资源，是全球北回归线上少见的绿洲，具有调节气候、保持水土、涵养水源、净化环境等生态功能。要选用广东特有的乡土、树木、名药、花草，特别选用红树林胎生

名优荟萃，百卉争艳的广东展馆（以上设计图由广东省农展馆方荣航提供）

植物如深圳滩涂生长的木榄、秋茄、卤蕨等活化石古老孑遗植物，热带季雨林、南亚热带常绿阔叶林和中亚热带常绿阔叶林为主。这些植被以多树种组成，多层次结构、高生物量和生态效益为特色，还有濒临灭绝国家重点保护的珍稀植物如桫椤、白香木、红豆杉等49个品种，对这些鲜为人知的植物品种，有必要通过这次世博会展出，让世人知道广东的特大优势……馆长陈冠平、科长李晓川等筹建组同志，接受了合理化建议，在笔者的指引下还亲自跑深圳福田自然保护区选取红树林胎生植物，到广州中医大学药圃访徐鸿华教授、冼建春主任选取广东名药展品。真是奇花异草，百卉荟萃，品种繁多，琳琅满园，建成了让人耳目一新的展区。

（四）为了更好向世人介绍广东，由欧广源副省长任编委主任出版《广东园艺博览》大型图册，笔者被委任负责《植物资源》专栏，为了收集资料，不怕劳苦，排除干扰，顾全大局，尽职尽责，不负众望，最终如期完成任务。

广东馆在总设计师陈冠平、总指挥方荣航、设计师吴银漩、陈泽深、连兴威的苦心匠力以及有关专家的协作下，博采各家之长，汲取专家和各方人士的建议，建成具有南粤花香、广东兰花、园艺植物资源、岭南盆景、果蔬荟萃和园艺科技等六个专题的室内展馆，获得世博会大奖，为广东赢得了荣誉。

中国1999年园艺世博会上的广东展馆室内展馆面积80M²，以广州市花——红棉花为造型，两侧花瓣有如飘动的欢迎彩带，顶端花蕊光芒四射，洋溢着生机勃勃、春意盎然的氛围。

展厅上空为S形光棚，星光闪烁；湖泊型的地板装饰着广东地图；四周以“北回归线上的绿洲”为主题。在山峦叠翠、风光旖旎中展示四季常绿、叶艳争芳的园艺精品，形成一幅自然景观，体现人与自然的协调关系。

题粤晖园

小巧玲珑成一家，
求实兼蓄汇精华。
江女嬉水满园春，
粤晖盛放岭南花。

粤晖园的水法建设：珠水潮涌

"情溢珠江"女嬉水

笔者作为专家组成员之一，在筹办中学到了很多宝贵的知识，我对展馆的造型提出过堪舆学方面的意见，对植物材料的选用，凭本人的知识提出一些建设性意见。比如展厅的平面图，排除了通常用的方形（土形）、长方形（木形）的呆板的形状，而采用弧形、流线型的葫芦状，把广东省的地图印在地板上，讲究聚气养人是符合易经天人合一之哲理，建设者们吸取合理化建议，可谓珠联璧合。

展馆的大门，最初是选用对称式的，把广东省展厅的招牌放在门口的中央，笔者认为如是对称式，就好像出现两个"眼睛"，犯了易经堪舆学上的"哭门"大忌，而且美学上不够得体……筹建者虚心听取意见，博纳广收，破除迷信，最终把门开在吉祥的气口上。展馆每天吸引了不少中外游客，成为了大会最受欢迎的展馆。

粤晖园初设计时有一个美丽的水门，修建中为何要把水门撤去，似乎是十分可惜，但因犯了传统堪舆"反水"之忌（我国地势是西北高东南低，水应地球螺旋气场自北向南流为吉），筹委会采纳了笔者的建议后，明智地把反门从园中拆掉。

二十、“十个百”的从化太平飞鹅岭生态果园规划

飞鹅岭生态园规划设计景区景点总体布局

诗赞太平生态果园

闹市寻幽正合时，
飞鹅岭下赏荔枝。
羊儿吃草翠坡上，
高球疾舞绿茵驰。
瓜果满园农耕趣，
倚栏垂钓乐游鱼。
山水含情花千树，
桃源仙景胜瑶池。
朝霞染红碧空远，
夕阳西下好读书。
元岗儿女豪志壮，
巧谱生态田园诗。

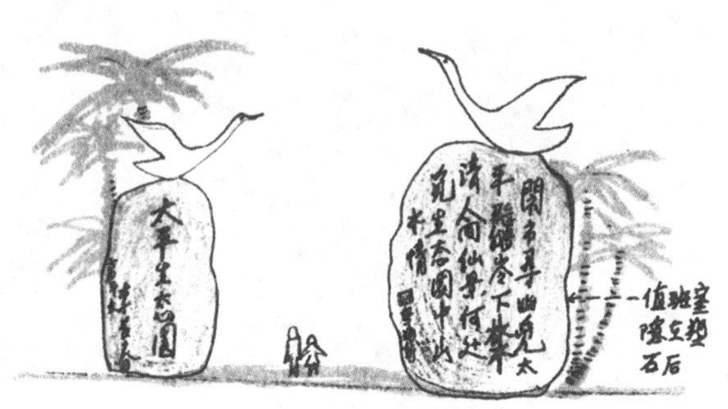

仙鹤迎宾——大门方案之三

一门： 一塔一桥一市一瀑。

二场： 高尔夫练习场、网球场。二石景：仙翁石、插旗石。

三区： 三个功能分区。三湖：潜龙湖、仙鹅湖、莲花湖。

四色： 红、黄、青、深绿四色林相。

五堤： 柳、梅、葵、红果、紫荆堤。

六亭： 拂春、凤翔、梅、鱼、灵禽草亭、赏荔亭。

七园： 蔬菜、盆景、花卉、草药、梅、莲、百果。

八态： 八种生态。人与鱼、羊禽鸟、蝉虫猴、植物与时空流动变化。

九路树： 九行路树：红花、金凤（凤凰）、红荔、紫檀（迎宾）、竹柏（玉灵）、秀鹃（金龙）、玉兰（玉麟 ）、桂园、红枫（仙羊）、巴戟（围墙）。

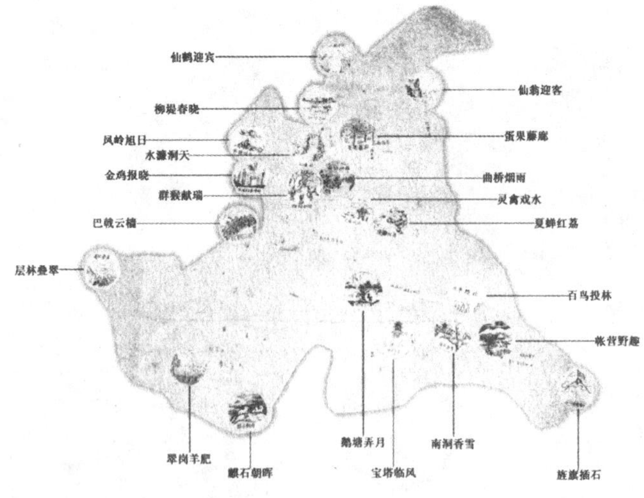

从化太平飞鹅岭生态果园景点示意图

太平飞鹅岭生态果园二十一景示意图

仙鹤迎宾

仙翁迎客

柳堤春晓

蛋果藤廊

凤岭旭日

水帘洞天

金鸡报晓

群猴献瑞

灵禽戏水

曲桥烟雨

夏蝉红荔

巴戟云樯

层林叠翠

翠岗羊肥

麒石朝晖

鹅塘弄月

宝塔临风

百鸟投林

南洞香雪

帐营野趣

旌旗插石

李德雄手绘

建设建造奇特、饶有生态奇趣的“十个百”生态园

1. 百丈荫棚，瓜果垂扬。
2. 百种岸树，塘畔绿影。
3. 百态湖鱼，玉镜船歌。
4. 百羊满坡，草青奶旺。
5. 百花吐艳，花美人欢。
6. 百草满地，草鲜人旺。
7. 百菜满畦，野菜飘香。
8. 百果满岗，果熟甜肠。
9. 百丈藤墙，巴戟壮阳。
10. 百桌野宴，山珍迎客。

说明：从化太平飞鹅岭生态果园规划中，笔者是总策划总设计者，在高手林立的竞赛中，投标夺胜。参加人有高级策划师蓝志勇，高级工程师何金恒和工程师伍佳汉。

二十一、以江山永固作主题的广西某培训基地

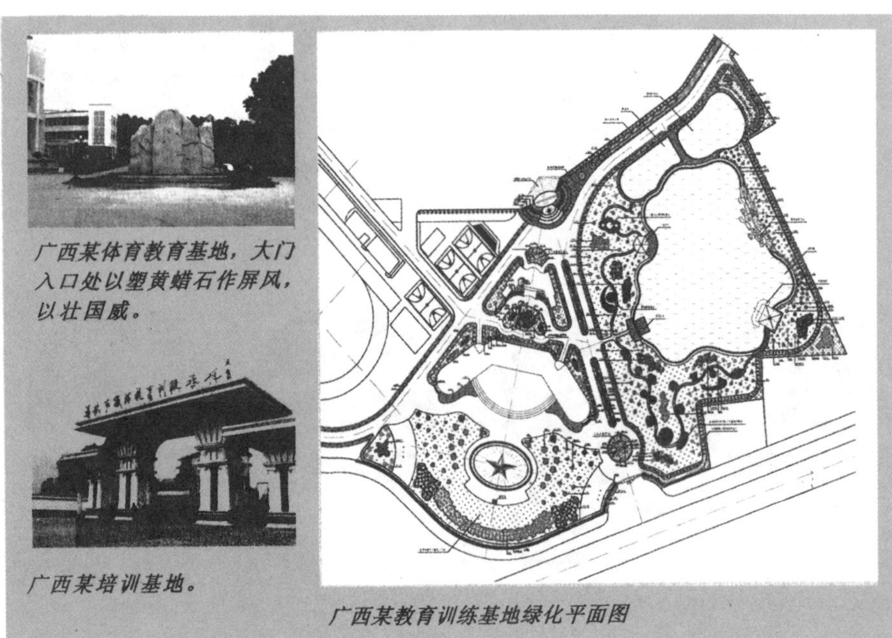

广西某体育教育基地，大门入口处以塑黄蜡石作屏风，以壮国威。

广西某培训基地。

广西某教育训练基地绿化平面图

第三节 "李氏绿色兵法"与办公室、家居环境植物风水气场的建造

一、家居环境风水场的建造

一个办公室，一个家庭或一间居室，只要合理摆放花卉便能改善气场。如果已经合理摆放了花卉，而某一方位摆放的花卉特别易枯萎或者死去，就要换带刺之植物或生命力强的植物，才足以抵制那股"煞气"，保证室内平安。只要了解这点，人人都可以在居室内调整气场了。

（一）五行宜忌

植物花草是有灵性的，如同人与动物一样，也是有血型的。它们有语言、有情绪、有喜怒哀乐。它们之间存在着一种场——奇妙无比的植物"微粒子波"场，这种场跟人息息相关。古代堪舆学将人分为东四命和西四命，现时代进步了，应作磁场论，我认为更有科学内涵。按照各人的出生年来划分五行，其中属木（震、巽）、火（离）、水（坎）的为东四磁场，属金（乾、兑）、土（艮、坤）的为西四磁场。他们各有不同的吉凶宜忌，这无论在方位、颜色、数目及花木摆放方面均有差异。

五行属金的人

1. 方位宜忌：以西及西北最为适宜，西南及东北亦是吉位，东、东南、南及北方当忌。

2. 颜色宜忌：宜白色和银色，忌红色。

3. 数目宜忌：按传统习惯宜多用六和七这两个数，所忌数为九。而《李氏绿色兵法》是按河图洛书而论，五行属金，宜用五、十与四、九之数，忌二、七，室内摆花宜用此数。

4. 布阵宜用属金或属土的植物，如：白兰、九里香、银桂、福建茶、金百合和含笑、米兰、金桂、金银花等。

五行属木的人

1. 方位宜忌：即东及东南方均是"木"的本位，此外，南方和北方也是木的吉位。故五行属木的人，倘若大门、睡床及写字台摆放在以上四个方位，便大吉大利，应尽量避免把重要家具摆放在西、西南、西北及东北这些方位。

2. 色宜忌：宜以青绿色来布置房屋。绿色有墨绿和浅绿，倘若以它作为主色，而与其他颜色配搭得宜，那便显得清爽怡人，生气蓬勃。不宜多用白色为代表色，因金能克木，忌白色。

3. 数目宜忌：按传统习惯宜多用三或四这两个数，如在窗台放置三或四盆植物，所忌的数目为六与七，避之则吉。而按河洛数宜用一、六和三、八，忌四、九之数。

4. 布场宜用属木和属水的植物。如文竹、发财树、人参榕、兰花、万年青（指的是百合科的，不是天南星科的，有些风水师因不了解生物特性，教人把有毒的天南星科的万年青入屋化煞，这是引狼入室，误导！）及属水的金山棕竹、水塔花、富贵椰子、袖珍椰子和金钱树。

五行属水的人

1. 方位宜忌：以北方最为适宜，东、东南及南方亦相当吉利，东北、西北、西南及西则不宜。

2. 颜色宜忌：宜以黑、灰、蓝色来布置房屋，此三色属于"冷色"系列，故此不宜太多，以免给人一种冷冰冰的感觉，最理想是衬些橙色、粉红色、杏黄色这些较暖的色彩，若是配衬得宜，则可营造高雅的气氛。忌用啡色、深黄色。

3. 数目宜忌：按传统习惯宜多用一，忌二、五、八。依河洛数宜用一、六和四、九之数，忌五、十。

4. 属水的人宜用属水和属金的植物布场。如 水葵、巢蕨、波士顿蕨、肾蕨、酒瓶兰、象牙球、花叶长春藤、花叶富贵竹、银龙血树、文殊兰、金心吊兰、油茶等。

五行属火的人

1. 方位宜忌：南方为本位，东方及东南方均是"木"气当旺，而木能生火，有生旺的作用，故吉，北方亦是吉位。东北、西北、西南及西方当忌。

2. 色宜忌：火的颜色是红色、紫色、橙色及粉红色等，故为吉色，属火的人宜以红色来布置房屋，因红色是属于"暖色"系列，故此不宜太浓太深。不宜多用灰、蓝、黑这三种颜色，原因是这些是"水"的代表色，而水能克火。

3. 数目宜忌：按传统习惯宜多用九这个数，所忌的数为一，避之则吉。依河洛之数宜二、七和三、八，忌一、六。

4. 属火的人用属火和属木的植物。如勒杜鹃、口红花、红茶花、龙血树和文竹、鸭脚木、长春藤、肉桂、巴西铁树、发财树、福禄桐、荷兰铁树等。

五行属土的人

1. 位宜忌：西南及东北是吉方，是土的本位。西、西北亦是吉位，如把睡床、饭台、书台等摆放在这些方位，则大吉大利。忌东、东南、南或北方。

2. 颜色宜忌：啡黄色是土的本色，用之则吉。不宜多用青绿色，因为青绿色是木之颜色，木能克土，故少用为妙。

3. 数目宜忌：按传统习惯二、五、八是土的代表数，宜多用，所忌数目为三和四。依河洛之数宜用五、十和二、七，忌三、八。

4. 属土的人宜用属土和属火的植物来布场。如：含笑、米兰、金心吊兰、桂花及千年木、迷你铁树、五彩铁树、时来运转（红刺林投、螺旋露兜等）。

（二）居室绿化

在居室中摆放一些花卉盆景，不仅起到了美化环境的作用，也能让人心悦神静。然而，有些花卉是不宜放在居室中的，最近中国预防医学科学院一项研究指出，有52种植物对人有促癌作用，这些植物中有常见的铁海棠、凤仙花、鸢尾、银边翠、红背桂、洒金榕和火殃勒等，在家庭里面如何合理摆放花草就有了很大的学问。

1. 居室的绿化：无论豪华气派还是简陋朴素，讲究的是有生气。一盆鲜花、一盆盆景，或许就是点睛之笔，给您的家庭带来勃勃生机。作为一种情趣消费，植物装饰正为越来越多的都市人所喜爱，利用有限空间，发挥绿化的最大效益。所以要利用壁挂、博古架、吊盘进行"占天不占地"的空间主体绿化。如果居室四季常青，花开不绝，则表示好的运气。大门若对楼梯，可用剑叶红铁、鱼尾葵、棕竹来化煞。如阳台窗口对面有煞气，可用仙人掌、六楼柱、玫瑰、勒杜鹃、玉麒麟化煞。

2. **客厅**：客厅是接待来客和家人相聚的场所，突出盛情好客、典雅大方、浓郁家庭气氛，可采用树桩盆景与精致的园林小景有机结合，给人以诗情画意的感受，也可摆放一盆淡雅的兰花令居室添香，令人豁然开朗；或摆上娇柔的文竹，素洁淡雅之中，更增添几分春意。

3. **卧室**：卧室是休息睡眠之地，环境要布置一种恬静舒适的气氛。使用绿色植物美化卧室，能创造舒适的起居环境，净化空气，有益于身心健康。在卧室里适宜栽培的花卉种类很多，选择时视卧室实际情况而定。

（1）向阳的卧室

可选择喜光照、耐热的龙血树（火）、千年木（火）、荷兰铁（火）、五彩铁（火）、月季（火土金）、扶桑（火）、石榴（火）（对属鸡、猴者忌此生物场）、白兰花（金）、米兰（土）、珠兰（土）、茉莉（金）、金桔（金）、酒瓶兰（水）、富贵椰子（水）、袖珍椰子（水）、夏威夷椰子（水）、太阳神（水）等木本花卉（对属鼠、属猪者有益的生物场）。福禄桐（木）、肉桂（木）、南洋杉（木）（对属虎、蛇、马、兔有缘的生物场，但对属龙、狗、牛、羊是不利的生物场）。另外亦可选择仙人球（水）（晚上放出氧气，能吸收二氧化碳）、令箭荷花（水）、蟹爪兰（水）、昙花（金水）等肉质花卉（对生肖属兔的属虎的特别有缘）。

（2）卧室朝东或朝西

由于光照时间较短，可选择山茶花（火）、勒杜鹃（火）（对生肖属牛、属龙、属蛇、属马、属羊、属狗的特别有缘）、含笑（土）、山栀子（金）（对生肖属鸡属猴的尤其有缘）等。

（3）卧室朝北

宜选用君子兰（火）、万年青（百合科属木）、吊兰（金）、橡皮树（水）等。

为增进夫妻卧室的温馨，可在瓶子插上几枝百合花（金）、勿忘我（水）、红玫瑰（火）、黄玫瑰（土）、白玫瑰（金）、康乃馨（金火土）和合欢花（土）或用碟子盛上几朵白兰花（金）、黄兰花（土）、含笑花（土）、夜合花（金），将使卧室芳香四溢，含情脉脉。

若喜欢繁花浓香的环境，可用角铁、铝合金（属兔、属虎的人就忌用铁架金属材料，应用木架）材料，焊制成长1米、宽40厘米、高1.5米的花架，凭个人的爱好在架内制造不同的槽格，高低错落，框架涂上白漆，用玻璃作各层底板，内置各种彩色花盆栽培花卉，架上所摆的盆花品种令每个季节都能赏花，而且都是香花。上面摆放的是春季开花的牡丹、含笑、水仙、玫瑰、珠兰或桂花等，中层摆放夏季开花的栀子（金）、茉莉（金）、夜合（金）、玉兰（金）（对生肖属鼠、属猪的人尤其有缘）。夏末秋初开花的摆在下层一侧：秋兰（木）、木本夜来香（土）。另一侧则为冬季开花的，如梅花（火）、腊梅（土）、茶花（火）之类。

有人喜欢清雅、有花香，且花型十分漂亮的植物，在布置时可选用牡丹（火）、腊梅（土）、水塔花（水）、茶梅（火）、白茶花（金）、君子兰（火）、仙人掌（水）、大岩桐（火）、菊花（土）等；在高柜、书架上放置长春藤（木）、口红花（火）、袋鼠花（土）等吊盆植物。

4. **书房**：书房是读书和研究学问的地方，用千姿百态的草木和色彩美丽的鲜花，或带着大自然生气的盆景布置书房，会给房内增添诗情画意。当我们在书房埋头工作时，仿佛置身于公园里、山水花草之中，有利于思考问题和写作。布置上宜采用棕榈植物或观叶植物布置，创造清静雅致的环境的文昌位，可提高人的脑细胞活力，加强思维力，读书更聪明。如心烦意乱、精神难集中或失眠可在书桌或窗台放盆小叶菖蒲，以宁神通窍。

5. **饭厅**：要求整洁，有利于刺激食欲。选取佛肚竹、黄素馨、黄玫瑰、黄康乃馨、十大功劳、黄金叶等。以橘黄色为主调，大增食欲。但万寿菊，虽是黄色，却有异味，让人倒胃，切勿摆放。

6. **阳台**：利用阳台养花，已成为居家美化的重要环节。因楼房的阴阳不同，八卦方位有别。向阳面阳光充足，空气流通，对花卉的生长发育和繁殖十分有利。但如果是高层楼房，风力很大，容易使花盆内的盆土干燥，所以必须及时浇水，否则花卉因缺水而出现枝叶萎蔫下垂，严重者会造成全株死亡。为此，要选择较大一些的盆进行栽培，因为大盆蓄水量多，不易干涸（但是要设护栏，免致高空坠落伤人）。

阳台栽培花卉要注意品种的选择。如果**阳台朝南**（八卦方位为离位）向阳，选择喜光的米兰（属土）、珠兰（属土）、昙花（属水中金）、红月季（属火）、黄月季（属土）、栀子（属木带金）、建兰（属木）、天竺葵（属火、金）、仙人掌、橘（金）、含笑（属土）、茉莉（属金）、扶桑（属火）、蟠桃（属火）、黄菊花（属土）、红菊花（属火）、山茶花（属火）、勒杜鹃（属火）等。用这些盆花来布置**朝南阳台**，组织属火属土的植物生物场，有利于调整人的心脏与肠胃的健康，也可以矫正居室中某些人性格上的毛病：如有些人性格内向胆小、忧郁，对生活缺乏勇气和信心，是有调整的作用。

如果**阳台是朝东或朝西**，最好养些藤蔓植物，例如金银花（属土、金）、炮仗花（属火）、鸡蛋果（金）、秋海棠（属火）、紫藤（属火）、凌霄（属火）、茑萝（属火）、牵牛花（属水、火）等，米兰（属土）、茉莉（属金）、栀子（属金）、月季（属火、土、金）、令箭荷花（属水带火）等也可以栽培。

如果**阳台朝北**，要选择较耐阴的文竹（属木）、万年青（百合科属木）、玫瑰（属土、火、金）、文殊兰（属金、水）、朱顶兰（属火、水、金）、四季海棠（属火、水）、风车草（属水）、竹芋（属水、木）、蕨类（属水）、龟背竹（属水）等栽培。

7. **厨房**：厨房是搞烹调饮食用的，要求清洁、卫生、驱蝇、防火。选用吊兰（属金）、凤梨（水塔花）（属水）、西红柿（属木、火、金）、辣椒（属火）等。

8. **厕所**：要求卫生，化臭为香。宜放迷迭香（属木）、鸡亦木（属木）、薰衣草（属火）、鹿角蕨、常青藤（属木）、香花（属金）、蜘蛛抱蛋（属水）、吊兰（属木、金），采用吊盘、挂瓶或放在厕所水箱顶，有条件可多放些香花，使厕所变绿园。

9. **庭园绿化**

（1）树木花草组成的生物场有“绿化治病”的奇效，如松柏（木）、桉（金）可杀菌；罗伞树（木）可赶蛇，辣椒（火）、番茄（木、火、金）可驱蚊，炮仗红（火）可赶蝇；菊花（土、金）可清肝明目；黄连（土）治心；黄芩（土、金）治肺，黄柏（土、水）治肾，桂枝（火）治手，牛七（木）治脚，丁香（金）可止痛，茶花（水）、水塔花（水）、苏铁（水）可防火，红色花暖室、白色花叶如冷水花（金）帮助人消烦可降温消暑……总之，庭园绿化治病调心，改造环境气场对身体健康十分有益。

（2）理想的花木不仅有挡风、遮阴、防尘、吸毒、消暑等作用，而且使庭园富有生气，满院飘香，赏心悦目，精神畅快。

（3）绿化布局不当，选用材料不妥，将有不良后果。

①树矮不防风，住宅会受冻，长期挨风侵，此象存凶相。

②院内树高大，遮光又闭风，空间缩小，压抑不松动。门口及院子中心忌种大树。

③宅西北树落叶，抗风力不强，阴风难挡，受寒风命不长。

④喜阴厌热树木花草，忌栽种西方。

⑤绿化不好，对人体的视力、心血管、神经、精神等都有损害。

二、绿色写字楼的植物场建设

办公室里有些花花草草，好处可能出乎多数人的意料。德国科学家的一项研究指出，办公室绿化不仅能提高空气质量、降低污染物和噪音，还有助于缓解职员头痛、紧张等症状。

宝马汽车公司和弗劳恩霍夫研究所共同进行一项研究，目的是通过改善办公环境提高职员的工作效率。宝马公司对一间25人的大办公室里进行绿化试验，然后由专家检测其效果。结果证实，办公室绿化可以有效提高空气湿度，还能过滤空气，降低噪音。科学家得到的数据是：适度的办公室绿化能提高室内空气环境质量30%，降低噪音和空气污染物15%，通过改善办公环境可以把职员病假缺勤率从15%降低到5%。对职员进行的问卷调查表明，他们认为在“绿色办公室”里紧张感降低，创造力和活力却得到提高。

办公室究竟摆多少植物为宜?

要把一间30平方米大小办公室的空气湿度从30%提高到最惬意的50%，需要种植6棵大约1.5米高的植物，就可以营造出“绿色办公室”。

三、老年人的生物场建设

有些花卉不但可以观赏，且具有药理保健作用，很适合老年人莳养。

气虚体弱，患有慢性疾病的老年人，可种人参。人参的根、叶、花、种子皆可入药，对强壮身体、调理机能有神奇的效果。

患有风湿、脾胃虚寒的老年人，可种些五色椒（火、金）。五色椒绚丽多彩，根、果、茎都具有药性。

患有肺结核的老年人，可种百合花。百合花鳞茎与花除食用外，入药可镇咳、平惊、润肺。

患有高血压、小便不利的老年人，可种植金银花（土、金）、小菊花（金）。花杂装填香枕，冲花泡饮，有消热解毒、降压清脑、平肝明目之效。

凤仙花（水、火、金）质朴秀雅，种子煎膏外搽，可治蛇毒。花外搽可治鹅掌风，又能除狐臭。仙人掌千姿百态，药性寒苦，可舒筋活血、滋补健胃，对动脉硬化、糖尿病、癌症等有一定的药理作用。米兰（土）、茉莉花（金）香袭人，可熏香茶。米兰枝叶可治跌打损伤。茉莉叶花入药可治感冒、肠炎。

四、有毒的生物场（卧室不宜摆放的花木）

养花可净化空气，栽错花危害身体；室内养花存在误区，应讲科学。

1. 兰花、百合花：其香气会令人过度兴奋，导致失眠。

2 .月季花 ：它所散发的浓郁香味，会使一些人产生胸闷不适、憋气与呼吸困难。

3. 松柏类花木：其芳香气味对人体的肠胃有刺激作用，不仅影响食欲，还可能使孕妇感到心烦意乱、恶心呕吐。

4. 洋绣球花：它所散发的微粒，如与人接触，会使人的皮肤过敏。

5. . 夜来香 ：它在晚上会散发出大量刺激嗅觉的微粒，闻之过久，会使高血压和心脏病患者感到头晕目眩、郁闷不适，甚至病情加重。

6. 郁金香 ：它的花朵含有一种毒碱，接触过久，会加快毛发脱落。

7. 夹竹桃：它可以分泌出一种乳白色液体，接触时间一长，会使人中毒，引起昏昏欲睡、智力下降等症状。孕妇如靠近它，会引起胎音异常。

8. 狼毒、万年青（天南星科）：它的汁液含有哑哮酶，如小孩误服会引发声带发肿，甚至致哑。

9. 含羞草 ：可致脱发。

10. 豹皮花（萝摩科）：会放出气味致晕。

11. 红背桂、变叶木、虎刺梅 ：是 52 种致癌花木之一，不宜栽种。

五、花粉影响风水

现代研究发现，多种植物的花粉食药兼优。如**荞麦花粉**和**槐树花粉**都含有芦丁，可防治动脉硬化；**山楂花粉**能预防心肌梗塞；**栗树花粉**补血；**菊花粉**利尿；**橙树花粉**健胃益脾；**油菜花粉**对静脉曲张性溃疡有疗效。

但也有些花粉、花絮导致不良的风水，如南京市栽的路树**法国梧桐**过去是南京的一道美丽风景线，却是南京一害，当法国梧桐开花飘絮时却苦了南京人，引发了不少人犯有呼吸道的毛病，成为园林专家头痛的事。广州有些道路栽**芒果树和木棉树**，当这些路树开花时，花粉引发了市民的过敏症，有些市民害怕出门，怕引起眼肿面肿，或者呼吸道毛病，或者眼睛角膜发炎……有些受害市民跑到报社去投诉，有些专家呼吁不要再种芒果、木棉这些花粉影响风水，似乎是新鲜的话题，其实花木与人居质量影响十分重要，甚至是举足轻重的。

六、"李氏绿色兵法"办公室、家居环境植物摆设示意图

例一

天河区某小区潘宅

经勘舆调查，发现不少住宅因建筑设计师不考虑传统的风水科学，造成居室气场失衡，这是居室环境优化之一大缺憾，笔者将改场实例选述于下，供读者与环境学家共同探讨。潘宅平面图缺角在北方，按传统的风水学说——缺了水，对宅中人肾部不利，故宜以属水的富贵竹，以补宅北的生物场进行居室气场之调整。

本宅建于1999年，入住后因门开东门为气口，主人房的床位有大半在艮位（东北）凶方，小孩房也主要在凶方，南方则是厕所，入住后男、女主人整天吵架，小孩读书成绩下降，同时男、女主人都犯了肠胃病。笔者及其学生用"李

氏绿色兵法"来布阵，经过一段时间验证效果不错，现在男、女主人肠胃病已痊愈，小孩活泼可爱，学业不断进步。

附说明：古代堪舆学把好气场的方位称为伏位、天医、生气、延年为吉方，把五鬼、六煞、绝命、祸害称为凶方。

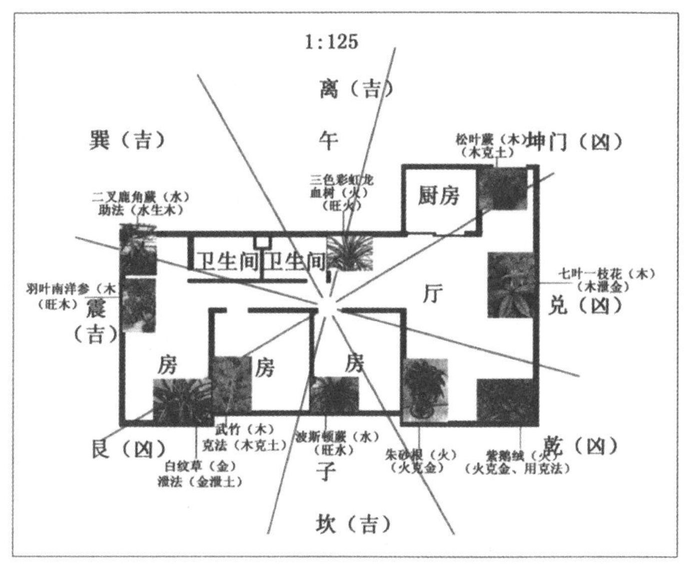

天河区某小区潘宅示意图

例二

广州东山区李宅

东山区李宅，宅平面不方正，犯了传统风水学"求正者善，求曲都美"之西北方凹缺之忌，宅西北缺凹，气场混乱，对男主人身体健康不利。在植物改场中着重补西北（属金），以属土植物补金（土生金），然后按宅之气场凶吉，采用避凶趋吉之五行补泄法，以求气场平衡。

东山区李某宅，建于1987年，曾请一玄空风水大师勘宅，认为是丁山癸兼向。玄空大师认为坤位丁星到，震位近旺丁星到主旺丁，艮方近旺财星兼一、四同宫，旺文昌兼有财，按大师布场后，效果并不明显，后来找到笔者，按《李氏绿色兵法》布局，没多久生意明显好转，而且一年后还添一男丁。

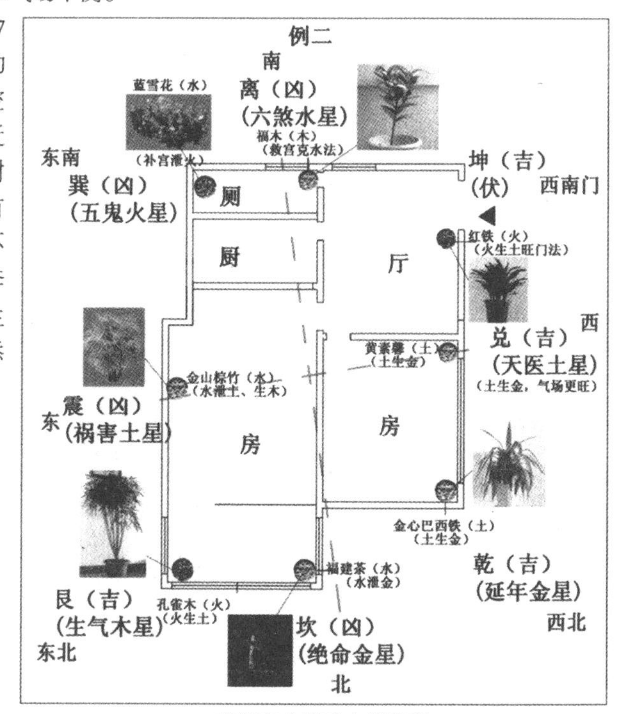

广州东山区李宅示意图

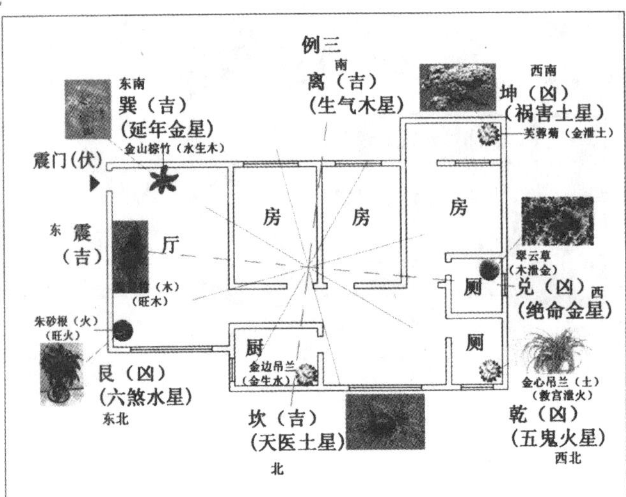

广州白云区莫宅示意图

例三

广州白云区莫宅

莫宅平面图缺东北，造成东北气场失衡，对少男（小男孩）的身体不利，易犯肠胃病，也会令小孩学习的智力下降（注意力难以集中），故植物气场宜，以火旺土，进而补艮土，达到居室主位气场由弱变强。

此宅为白云区某花园莫宅，装修前请一大师来勘宅设此布局（如上图），入住以后夫妻两人都同时病倒，后来通过去信电台，辗转找到笔者。笔者用《李氏绿色兵法》重新布置，时间不长，夫妻两人病好了，生意也都比以前好了许多，特意上门致谢。

例四

广东肇庆杨宅

杨宅居室之形缺西南角，按传统的科学风水说，认为“气囿于形”，有什么样的形，就有什么样的气，缺了西南为缺坤，对主妇身体不利，易引起妇科病和肠胃病，故此在无法拆屋而补建的情况下，笔者摒弃传统的风水旧俗，不用什么“金鸡”、“青龙”、“狮子”和“符咒”化煞法，应用植物调场改场，应用五行属土的黄康乃馨以补西南方（坤方）缺角之憾，进行居室场优化的调整，取得可喜的良效。

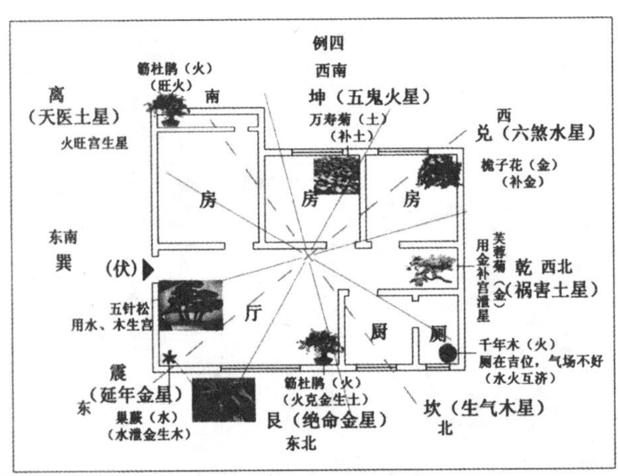

广东肇庆杨宅示意图

本宅曾请玄空师傅判断为：未山丑向正向上山局，旺丁不旺财，中央旺文昌，坎宫旺丁，震方旺财，兑、乾两宫犯斗牛，巽、离两宫犯紫毒。结果如何呢？

此宅起于1990年，宅主入住十年有多，快四十岁都未结婚，身体的确不好，丁无从谈起，财也不见得多，反正一人饱全家饱。

笔者有幸拜访，建议杨生用《李氏绿色兵法》作上述摆设。

大约过了一年，他打电话给我们说要奉“子”成婚了。

例五

花都区陈宅

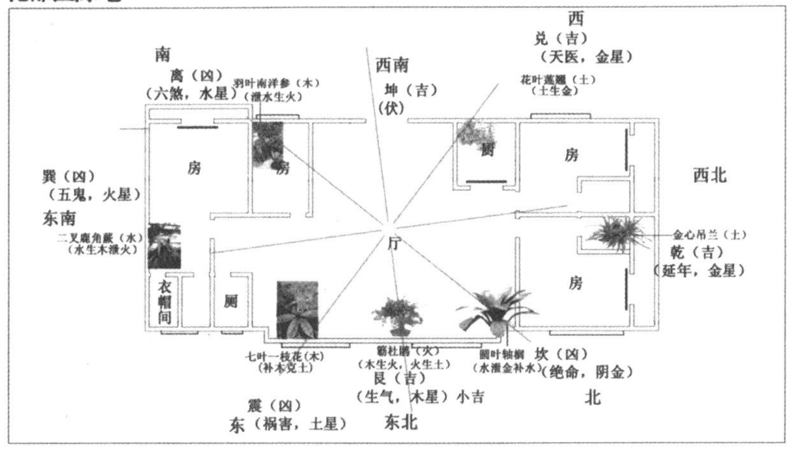

花都区陈宅示意图

陈宅长形基本方正，外表看还不错，但室内气场仍存不佳。

陈生原做皮具生意，前几年生意十分之红火，但入住此屋以后，发现除生意转差之外，还有许多欠账难以收回，经介绍找到笔者，用《李氏绿色兵法》为其布局。

经布局不到两个月，接连几个大订单，欠账的还主动还钱，现在陈生还对《易经》及《李氏绿色兵法》产生浓厚兴趣，常打电话来问什么时候开班授课。

例六

广东增城市某花园小区周宅

周宅居室缺坤（西南），对女主人身体不利，故先以属火的龙血树种紫藤盆景促进火生土，以旺西南之气场；宅又缺坎（北方），故以属水的蕨类和酒瓶兰以补北方之气场。

此宅曾按玄空飞星布局，风水师傅预言到山局，旺丁不旺财，但入住以后财的确不太旺，但丁也都没见，妻子结婚三年都没有怀孕，去医院检查双方都没有问题。

后屋主写信到电台，邀请我们去他家堪宅，用绿色兵法布局（上图），结果一年以后屋主不但添一男丁，而且事业也开始蒸蒸日上，特意上门来邀请我们去饮满月酒。

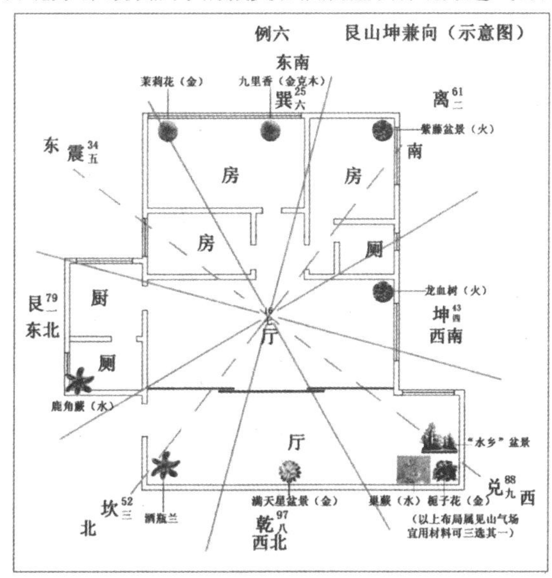

广东增城市某花园小区周宅

例七

广州市东山区黄宅建于1980年丙山壬向正向

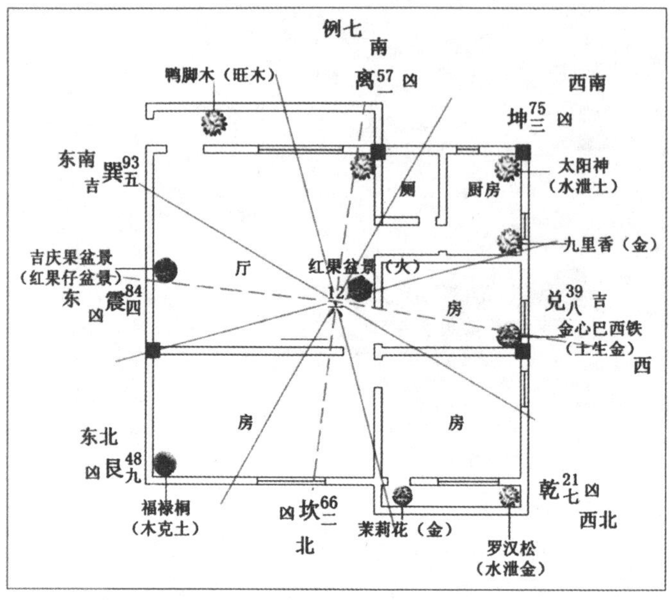

广州市东山区黄宅建于1980年丙山壬向正向（示意图）

在坎（北方）置属金的茉莉花以补水，对居室中的人之肾有补益作用。

本宅入住后曾经请一玄空风水师勘察，认为坎、兑、巽三宫形成三、六、九父母三般卦，双旺星飞到向，三宫有气口（门、窗），形成七星打劫局，主旺财、旺丁、旺官，但入住以后并非如愿，宅主一直到退休都是平民一个，两个儿子结婚后三年未见丁，发财更加无从讲起，后来再请笔者与学生来勘宅，用绿色兵法，时间不长黄宅连添两男丁，虽然宅主无官可做，生活倒也小康，而且身体健康、现在正享着天伦之乐。

例八

"李氏绿色兵法"企业造场中应用

广州市某集团公司办公室

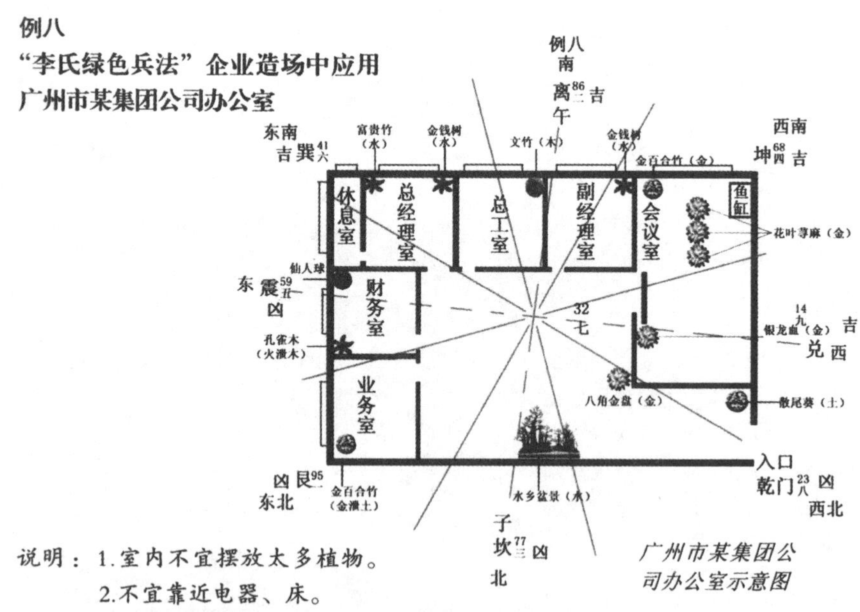

广州市某集团公司办公室示意图

说明：1.室内不宜摆放太多植物。

2.不宜靠近电器、床。

3.建议晚上移出房内（仙人掌科除外）。

4."花无百日红"，阳生植物（如福建茶）每隔3~5天移出屋外采光。

5.居室花木布置犹如人与衣服关系，要讲人体场与生物场和谐，对号入座。

广州某公司办公室，搬入此房后，公司半年都无接到任何业务，请我上门勘察，发现公司老总办公室并非最理想位置，财务室亦非在吉位。建议老总跟坤位副总室对换，虽然老总不舍得原老总室有个休息室，后来接受我们建议搬办公室及按我们绿色兵法布局。大约不到一年时间，公司接到过亿业务。

从上图用玄空飞星角度来分析，本楼为子山午向正向七运楼，原总经理室（巽）位虽然为146文昌位，但不旺财。（坤）位办公室为未来旺星八白飞到，才是真正财位；财务位虽然九紫火生五黄土，但作为财务有金泄五黄反生金，但身体肠胃稍差，后来用植物化解，有所改观。

说明：以上八例经学生蓝志勇高级工程师实践实例。

制图：刘颖文、朱剑光、莫斯杰。校对：李东明、黄宝伯、郭学立（高级堪舆师）及接受广东周易学会专家杨　、杨明、陈荣华、苏敬、刘子雄、陈力平、陈瑞金等质疑与论证审定。此为值得探讨的新科学课题。

例九

南海丹灶李宅的风水场改造

南海丹灶李宅重视居室绿化，但过去栽植不注意格局，分不清植物是按居室气场对号入座的道理，所以出现文竹和富贵竹（属木）摆放西边（金的气场）会枯黄，金山棕竹放东北角会长势旺等现象。于2002年接听了广州电台（环境家居面面观）专栏节目后，邀请笔者前去实地踏勘，经过植物的方位气场调整，家居面目焕然一新。宅主李大叔自述感觉良好，家里人病痛少了，大儿子工作有进步，还升了一级；小儿子做生意十分顺景，孙女读书有上进心，被评为三好学生；回到家里感到很舒服……。

李宅家居风水场注重植物科学五行，在东边（方位气场为阳木）摆放植物气场为木——富贵竹（达到水生木），在东南（方位气场为阴木）；置放植物气场为水——金钱树（水生木之优势）；在入门的青龙位（方位气场属火）置放植物气场属水的金山棕竹，达到水火互济的平衡和合之效果。

入门青龙放属水的金山棕竹（棕榈科）

木位放富贵竹（龙舌兰科）　　*木位放金钱树*

第四节 "李氏绿色兵法"对城乡企事业单位植物气场的建造

当前，无论城市和乡村，很多企事业单位都在进行环境的绿化美化建设，根据"李氏绿色兵法"的原理，提出下面的规划建议：

要从生产出发，全局着想，因地制宜，切合群众需要，结合民族特点，配合生产等原则，进行园林规划。

一、工厂绿化　净化 抗污 降噪 防火 环保

工厂绿化类型多，规模不一，性质各异，要根据具体情况，结合城市规划，地形土质，交通管线，特别是生产工艺流程来考虑绿化总平面布局。

1. 重点是净化大气，改善劳动生产条件，保护环境，实现文明生产，因地制宜结合种植经济、用材等树种。

2. 在产生有害气体的地方，选好抗性树种，布局注意疏透通风，防止有害气体沉积。

3. 厂区周围、生产和生活地区之间，噪音大或防尘、卫生要求高的车间，最好设防护林带，但有害气体浓的地方林带设置不宜与盛行风向垂直；设在山间的工厂，两端不宜设林带；隔噪音林带，要乔、灌木搭配种植，效果更好。

4. 地下管道多、不宜种树的地方，要种草坪、灌木。

5. 利用循环水建立喷水池，配置绿化，提高相对湿度，增加美感。

6. 防火的地方选浓绿的油茶、木荷、乌墨（即海南蒲桃）、相思等防火树种。

7. 注意树木与建筑物、管道等的距离和艺术装饰。

8. 在生产地区布置工人休息小园地。

9. 规划好货运和一般道路，货运行道树注意树干净空高度，最好用绿篱分隔，拐弯处不宜种高于1米的植物。

10. 厂矿、企业绿化覆盖率指标：酸碱工业20%，冶炼、造船工业25%，建材、木材加工30%，机器制造、橡胶工业35%，合成、化工、轻工、食品、无线电工业40%，纺织、制药工业45%，并注意防空隐蔽，形成绿化系统。

二、住宅生活区绿化　宁静 卫生 纳荫 隔噪 防尘 景观文化

住宅生活区绿化在城市绿化中有重大意义。要创造舒适、宁静的环境，以利于精神、体力的恢复。根据不同地段性质，使绿化的功能如遮阴、隔噪、防尘、卫生等得到发挥。

1. 人多，树种以生活力强、较粗放为好。适当配置落叶树种、蔬、果、篱豆和竹子。

2. 四周最好能植树与其它区域或交通干道分隔开。南边适当配置落叶树，

有利于冬季采光，北及东北边宜设林带，加强防寒和台风。

3. 留有小块园地，给少儿、老人活动和晒晾衣服预留场地。

4. 房前屋后宜设绿篱、点缀观赏乔、灌木和香花，对飘台、天台和东、西向墙面、狭窄无地种树的小街道适当安排攀援植物和盆栽。

5. 房屋、公共厕所等也要用绿化装饰。

6. 充分利用小街道入口处和尽头地方进行绿化造景，建喷泉水景，增加空气负离子，改善住宅、小区、街道景观的环保质量。

7. 充分利用空间进行垂直绿化等。

三、学校绿化（中、小学等） 益智 美观 通风 采光 卫生 文明

1. 四周宜设卫生防护林，创造有利的小气候。校门、会场加强绿化布设。

2. 树种选择以冠大阴浓、占地少、深根为宜。并结合教学、科普，有条件的设立小植物园、苗圃和药圃。走廊适当安排攀援植物。

3. 区域用绿篱或林带分隔，行道树要整齐、壮观，统一树种。

4. 注意通风，采光，留有足够活动的露天场地。在不妨碍活动的前提下，应铺设草坪。并有重点布置小园地。

5. 幼儿园不要种植有刺和果、花有毒的品种。要适当种植色彩缤纷的木本花卉。

6. 选用的植物不能有花粉污染的材料以及引起皮肤过敏的植物。

7. 选用芳香植物以提高学生的智慧力。

四、医院绿化 清洁 杀菌 卫生 无毒

1. 要选清洁、卫生、芳香、无毒、有观赏价值的树种。

2. 不同地区设立分隔绿化带。住院区设立有一定阳光照射的小园地，方便病人散步；诊室周围布设生气蓬勃、整形的小乔木或灌木丛。

3. 注意色彩和绿化造景，绿篱可作为进入不同区域的引道。

4. 在产房附近不宜栽种柏树，以免引起妊娠呕吐。

五、仓库绿化 防火 防潮 易管

根据交通运输和储存性质选择树种，考虑布局。要病虫害少，干直、开叉点高，做好防空隐蔽和防火、防潮。

六、机关及其他公共建筑绿化 整齐 美观 大方 得体

着眼于改善环境，为工作和群众来访创造良好条件，布局整齐，色彩、树种与建筑艺术形式相协调，面临城市干道的围墙内外能够种植的都要绿化好，增添城市景色。也可以种植一些粮、油作物和蔬菜。

公共建筑物内庭园植物要注意形态，乔、灌木群落布置。池、水的适当安排，是改善环境，增添景色的较好办法。

七、飞机场 选材慎重 布植合理 安全第一

1.为保证飞机运作的安全，选用植物材料要慎重，特别不要栽种会结坚果、酱果的植物以免招雀鸟，给机场带来隐患。

2.笔者经多年观察，发现候鸟建巢有固定方位且有较固定的飞行路线，都避开古罗盘仪器所示的癸山丁向。机场植树要避开此方向，确保飞行升降之安全。

八、电磁波辐射较强的企业

1.选用能吸收电磁波辐射的植物材料组成高、中、低的绿化墙，以保证人居环境的安全。

第五节 “李氏绿色兵法”对家居环境植物失误的调查

在四十多年的植物造场实践中，笔者发现家居环境植物风水造场的好坏对人居的健康、智慧、事业以及财运等的凶吉有着较大的影响。科学优选的植物风水造场，可以优化家居环境、营造良好的气场。如果家居植物摆设不当，则可能使家居环境恶化，给家人带来厄运。现选取由于植物风水造场不当而带来严重后果的两例，在这里略作分析。

一、西安豪宅现代装修的房间为什么致人流产

小胡流产是何因？
不是狐仙不是神；
有毒之花勿近身，
居室摆花需小心。

在2002年，笔者到西安市小胡的一间新房子进行环境勘察。小胡的妈妈是做大生意的，小胡又是独生女，真是掌上明珠，倍加珍爱。小胡房间装修得很豪华，特别是床的周围摆满饰品与花草，我发现房里有几盆有毒植物，如蔓陀罗、龟背竹、花叶万年青，在花瓶上还插有几枝粉红色的夹竹桃。我告诉她这些花有毒，最好不要放在房内，特别不要放在床边。我走后不到一个月，她妈妈打电话来告诉我小胡流产了，我感到很震惊。原来小胡是个爱花的人，我到她家时，嘱咐她把有毒的花草搬走，但她不以为然，没有依我的意见去办，小胡的流产说明了现代家居布置要讲植物科学，免致发生悲剧。至于蔓陀罗是一种茄科致幻毒草，又名闹羊花，一些犯罪分子就是用它来制迷奸药，它的干花燃烧后，人吸了它的气体会致昏睡。夹竹桃花的气味也是有毒，在这种植物气场作用下会使孕妇的心率加快，心跳不安、烦躁，因而导致流产。

二、北戴河黄老伯家的风水病

黄老昏昏病沉沉，
精神不振乃何因；
室内尽栽是毒草，
“引狼入室”坏精神。

1996年秋，笔者到北戴河参加中国易学堪舆第四届学术研讨会，大会有个秘书姓黄，她邀请我到她家进行环境踏勘。我进入她家见到有个卧病在床的老人正在喘气，黄老伯说有12种病，精神憔悴，整天昏昏睡睡，问我是不是风水有问题，家里有没有“鬼邪”。我带了仪器进行全屋的勘察，发现大厅的四个角都摆满了龟背竹、花叶万年青、花叶绿萝，房间、柜子、书架和天花挂满吊满植物，在饭桌上摆上一帆风顺（白蜡烛），在书房中放开红花的铁海棠。整个房子有四分之一的地方都摆满植物，在全封闭的房中，植物的呼吸作用放出的二氧化碳，占满了室内的空间，人吸入了二氧化碳难免精神不振，甚至呼吸窒息。黄老伯的病因找出来了。我对黄家父女说你们为国家为人民奋斗了一辈子，家中俭朴，无用的东西舍不得丢掉，杂物太多，室内空间不够优化。你的房子没有“鬼”，世上没有鬼，邪却是有，你们家摆满了有毒的植物，是“吴三桂引狼入室”，无意引狼却引毒入室。如龟背竹、花叶万年青绿萝等属天南星科有争议的植物，它虽不会使人致死，但它的场化效果不佳也对人身体不利。虽然天南星科这些植物能耐阴、有抗性，很多宾馆、酒楼、办公室和住宅都常见到它的踪影，据说近年有些国家如日本已经很少用它了，我们把别人舍弃不摆设的花卉，自己还加以欣赏培植，实为不妥。我建议黄老伯把家里有毒的天南星科植物和有促癌的铁海棠清除，适当留下几盆香花，美化家居就足够了。半年后，黄老伯来了电话说：他把有毒的花搬走，精神一天天好起来，感谢我对他家宅优化的指导。

从上面的事例可证明，家庭摆花有科学。关于植物气场与人体健康的问题还是个谜，有待科学家、植物学家、环境学家、植物生理学家及易医学家，有必要地深入进行植物场化的研究。

第六节 “李氏绿色兵法”的观盆景养生

一、观盆景治病 养盆景健身

从观画能治病讲起

自古以来，治病的方法很多。但是你可知道，观画也能治病？

据古书记载，隋炀帝因为贪恋酒色而病（类似现今的糖尿病），群医束手无策，后经民间名医莫君锡诊脉，没开药方，而是送两幅画给隋炀帝看。其中一幅是《京都无处不染雪》，此画气势不凡，只见朔风乍起，雪满乾坤，漫天皆白。隋炀帝久而观之，产生了心脾凉透、积热全消的效果。另一幅是《梅熟季节满园春》，只见画中的梅子黄里透红，水灵活现，十分叫人喜爱。隋炀帝看后垂涎欲滴、津液如涌，顿时胸中的烦闷和口干舌燥的症状很快消失了。经过反复观赏两幅画，十天之后，这位皇帝的病不药而迁愈。

宋代大词人秦观一生中屡遭贬谪，辗转迁徙，由于长期过重的心理负担，诱发各种症状群和疾病。后来，一位朋友带来王维的名画《辋川图》来探望他，说观此画可以疗疾。秦观大喜，让儿子从旁引之，观于枕上，一连数日，乐而忘忧，恢复了正常的心理，躯体症状也随之消失。

二、观画治病、养盆景健身的机理

观画为什么能治病呢?

中医典籍《黄帝内经》中，将五脏和精神活动联系起来，认为怒、喜、思、悲、恐归于肝、心、脾、肺、肾五脏。在病因学中，中医认为“七情”可以导致脏腑的气功杂乱，从而发生各种躯体疾病。《内经》认为各种情志活动之间存在着内在的联系，用**“恐胜喜，悲胜怒，怒胜思，喜胜忧”**的情态来调节，控制或消除疾病的心理因素，从而达到治疗躯体疾病的目的。这就是观画能治好病的原因。

养盆景为什么能健身呢?

画是死物，盆景是生。既然观画是死物能治病，那么活生生的盆景就更能治病了(植物精气可治病)。

盆景是立体的图画，盆景是无声的诗章，盆景是有生命的大自然缩影。盆景的材料是用植物和石块构成的，它们吸收了日月的精华，按《木子兵法》的原理，阴阳有别，会产生金木水火土五行的气场，对人会产生很微妙的疗身健体作用，在此特作介绍。

勇往向前（榕）*五行属木　益肝　宜置东方*（作者黄家乐）

春满榆林（榔榆）*木精气益肝　明目　宜置东南方*（作者黄家乐）

双龙出海（榕）*木精气舒肝　宜置东方*（作者黄家乐）

盼（朴）木 *精气养志　宜置南方*（作者黄家乐）

***万里飘香**（九里香）五行属金养肺治鼻炎　宜置西方、北方（作者黄家乐）*

***欲与天公比高低**（角叶榕）木　精气舒怀宜置东、东南方（作者黄家乐）*

***野趣**　乐在人间（酸味）味酸涩　五行有木带水金木之精气　益肾　护肝　养肺　清耳　治惊恐　宜置北方或厅堂之主位（作者黄家乐）*

***探索**　傲海苍龙（九里香）五行属金　味辛　木之精气益大肠　润皮肤毛发　化悲收敛　宜置西方（作者黄家乐）*

三、植物场养生

用植物场配合饮食改变性格。

随着科学技术的发展，医学专家研究发现，不少食物可改变人的性格；按李氏绿色兵法可建造相应的植物场。

1. 性格不够稳定的人

应该多吃一些含钙、磷较多的食物，如大豆、牛奶、油菜、榨菜、炒番瓜、海带、木耳、紫菜、田螺、橙子、河蟹、虾米、鸡肉等。按李氏绿色兵法营造属土、木、火植物场。种开黄色花和长黄色叶子的植物，如黄月季、滴滴金以及南洋杉、松、柏、火石榴、红杏、小麦均可降烦。还可以在家居中砌造小型石山和置放“江山如此多娇”的挂画。建议用属火的木棉、宝巾作材料，以“伟岸峥嵘”为主题，制作盆景放在大厅东方和南方，多观赏此盆景以平静心态。

***伟岸峥嵘**（作者黄家乐）*

2. 遇事易于发怒的人

这种人多因缺乏钙和维生素B，遇到不顺心的事极易激动，甚至暴跳如雷。除应多吃含钙的食物外，还要多吃含维生素B_1、B_2的食物，如各种豆类、小米、大米、桂圆、蘑菇、花生米、炒葵花子、核桃、菱角、鸭血、鸭蛋等，且草莓、白菜、洋葱头、生姜、红枣、莲子、牛奶、香蕉等可减轻压力。按李氏绿色兵法营造属土和属水的植物场，如白莲，水仙、水葵、文竹、富贵竹，最好在家居中设水池、鱼缸或挂静水画等。特别用属水的罗汉松或属金的九里香为材料，以“南国水乡”为主题制作盆景，置于大厅之北位，将有事半功倍的效果。

南国水乡（作者黄家乐）

3. 做事虎头蛇尾的人

这种人通常缺乏维生素A和C，应多吃一些含维生素A丰富的猪、牛、羊、鸡肉、鸭肝、牛羊奶、鸡鸭蛋、河蟹、田螺以及含维生素C丰富的食物如辣椒、红枣、猕猴桃、山楂、沙棘果、橘子、苦瓜、卷心菜、白萝卜、油菜、毛豆、豇豆等。同时，还要多吃一些新鲜水果和蔬菜。按李氏绿色兵法营造属金的植物场，如栽姜花、益智小麦、葱、洋葱、鹅掌藤、凌霄花、蓬莱松（武竹）和攀枝花等将有事半功倍的效果。建议用属火的红果以“春华秋实”作主题，制作盆景（如图）放在大厅之南位以砺志。

春华秋实（作者黄家乐）

4. 遇事依赖性强的人

这种人平时胆小怕事，畏首畏尾，遇事缺乏胆略和勇气，一味地依赖他人。其原因往往由于血液中缺少某些物质，因此，平时多吃些碱性食物和含钙丰富的食物。按李氏绿色兵法忌在藤蔓植物环境中生活，如爬墙虎、绿萝、葡萄藤等植物场，宜远离。宜栽石山植物，如橄榄、鸡蛋花、仙人掌等，最好在家中挂“高山流水”画将有事半功倍的效果。建议用黄蜡石（属土）制作盆景一座放在宅之西、西南、西北或东北，或在书桌前放火棘（属火）盆景，以有助改造依赖性强的性格。

紫霞（作者黄家乐）

第七节　植物可以改变商店和居室的风水
——对国内外一些风水论说的评议

想要生意兴隆，就该利用植物的能量。

自古以来，有关植物吉凶的传说很多，像开红花的桃花、玉堂春、茶花，开紫色花的紫薇、紫玉兰，开白色花的木莲、木兰、橘子，对生意大有影响，***柳树除了在风月场所外都不适宜***——但我认为这些传说是没有根据的，不管任何树（除了有毒的植物外），应该越多越好，因为人呼出二氧化碳，吸入氧气，植物进行光合作用时呼出氧气，吸入二氧化碳。植物是有生物场能，能够杀菌净化空气的。植物的五行不同，给人的身体的各个器官疾病进行调治。人和植物是共存共荣的，所以植物对人的贡献不只是欣赏用，在生理上帮助更是重要。植物可以调整人的心态，**降低犯罪率**，有利于国家的长治久安。

所以没有不种树的理由，尤其在空气污染的城市里，**植物的能量场使人提高智慧和运气。植物场的质量优劣高低，反映出一个国家、一个城市的文化文明科学水平的高低。**

在空地多种些罗汉松（属水）、竹柏（属水）、铁冬青（属木）、厚皮香（属木）、桃树（属火）、木棉花（属火）、橄榄树（属木）、白兰（属金）、黄槐（属土）、蒲葵（属水）、枫树（属火）、梅（属火）、竹（属木）、珊瑚树（属木）、百日红（属火）、黄扬（木），只是太密会阻碍空气流通，过之而不及都不好，应有层次配合阴阳生克五行科学地按“李氏绿色兵法”阵法栽种。

在屋内，除了有毒的植物外，都可以摆设，像鸭脚木、时来运转、荷兰铁、龙血树、千年木、福禄桐、花叶竹芋、酒瓶兰、散尾葵、棕竹都是不错的选择。九里香、含笑可轮换摆在厕所、净化槽等不净的地方，人多出入之地及古人所说的“鬼门方位”（西南和东北），改变气场都能趋吉避凶。如果人在商店的东南最吉方的玄关，也能强化吉相，植物不论在哪里，都是吉祥象征。

并非所有的植物都适合，根据我的经验，有毒的夹竹桃、闹羊花、铁海棠、变叶木、灰莉、尖尾枫和花叶万年青等天南星科、马钱科和夹竹桃科等有毒的植物不宜放在室内。香港有街头摆卖的风水书说***“树皮牢牢包住，树汁不会流出的花草不宜栽种”***，那不是科学的。还说***“海棠、苏铁、芭蕉、棕榈类、柳树及会结果的树，少用为宜”***，那是没有科学根据。有风水先生说***“柳树不适宜的原因，是柳树总给人一种阴森森的感觉，会使生意一蹶不振，大树会把地内的热量夺去……”***这也是没有科学依据。在水边栽柳树可增加活泼的生机，讲栽柳树影响生意，那简直是无稽之谈。

风水还有一说：***“不管多么好的树，寺庙内的灵木，或是神木，绝不可以在自己家中种植，这会改变家中风水，而成衰运。”***

——笔者认为：把寺庙的树木移走，古人持反对态度是对的，从现代科学来说损公利私，损人利己的事是不应该做。

有关树木的吉凶传说如下：

说法一：*种会开红花、结红果的树，成为淫乱之象，会沉于酒色，在外金屋藏娇。*——笔者认为：红色的花结红色的果五行属火，与淫乱酒色无关。这与金屋藏娇都搭不上因果关系。

说法二：*在房屋西北种植会开白花的树，主人会晚归，花钱毫无节制。*——笔者认为：开白色花的树五行属金，栽在西北方乾位是对号入座，对屋主人的肺部有补益作用。这与主人浪荡行为无关。凡属作风的问题应以阳阴正反的思想教育方法循循善导，可望春风化雨。

说法三：*在医院门口种植竹子，会被认为是蒙古大夫*——笔者认为：竹子五行属木，只要不在正对门口种植是无问题，对正门口犯了古人讲的“门口有木多闲困”之忌，因造成微粒子波干扰，不是好气场。

说法四：*在东南方种植一棵茶花，名声会提高*——笔者认为：东南方是巽木之位，茶花是属水的，水生木是有好气场，但这跟人的名声没有关系。

说法五：*为了避免鬼门的方位，榆树最理想*——笔者认为：世上是没有鬼的，古人所谓鬼门是指东北方的位置，榆树五行属木，又是常绿植物可挡东北的寒风，在东北方栽榆树是合理的，是适树适地之举。

除此之外，其它关于树的传说不必盲目信之。

近年国内有些风水师在报上发表文章说：***在楼盘、小区中不宜栽种棕榈科植物，***认为会引起大风吹，会把叶子吹烂……又告诫人们不要在室内放置仙人掌，讲会“引煞”、“引邪”云云。

笔者认为：这些都是不懂植物属性不懂阴阳五行不科学的说法。因为棕榈科植物五行中属水，它是聚气的植物，抗风能力很强，根本不会引起大风吹，更不怕吹烂叶子；至于仙人掌放室内会引煞招邪，更是无中生有。须知道仙人掌原产墨西哥，在炎热的沙漠恶劣环境中，为生存，把蒸腾耗水的叶子变成刺，白天进行呼吸作用，晚上进行光合作用，放出氧气，如放在室内，却是很好的空气调节器。所以，人们可以把仙人掌放在室内，不用怕“鬼邪”。

香港有本叫《风水××箱》的书，指导人把有毒的花叶**万年青**（百合科的万年青除外）、**黄金葛**和**“一帆风顺”**等**天南星科**气场不好的植物放入居室之内以化煞驱邪……此无知之说一直反复误导多年，皆因缺乏对植物科学研究所致！

目前不少国内外的酒楼、写字楼或企业的老板请我去勘察环境质量，发现“绿色风水”的质量均偏差，尽管花木满楼，可是都盲目引进一些促癌性的花木，如**铁海棠等大戟科、天南星科和马钱科等有争议的植物**；又如**花叶绿萝、万年青、尖尾枫（天南星科）等含有哑哞酶毒液**，小孩不慎吞咽后可引发咽喉水肿，甚至失音致哑的植物。奉告园林工作者、绿化设计者及朋友们多学一点“绿色风水”，多了解一点植物习性，对我们美化环境、提高人居环境的质量是大有裨益的。

第八节　人体生物钟养生生物场的建造

古人把一天分成十二个时辰：子、丑、寅、卯、辰、巳、午、未、申、酉、戌、亥。

养生学家华振鹤在《秋光》杂志发表《顺应生物钟养生》一文，写得很好。我按易经的理念对十二个时辰的生物钟养生提出生物场的建造浅见，供朋友们参考，以飨读者。

古人早就发现，随着大自然的昼夜变化，人的气血运行会出现相应的四时改变，并影响着病理的改变。《灵枢·顺气一日分为四时》写道：“朝则为春，日中为夏，日入为秋，夜半为冬。”又说：“夫百并者，多以旦慧、昼安、夕加、夜甚……四时之气使然。”因此，养生保健，要符合一年四季的变化，还要符合一日四时的规律。

为什么呢？原来，大自然各种生物的生命运动都存在着一种时间节律，就像一座时钟在控制时间一样，人们把这种现象叫做**“生物钟现象”**。人的活动若能遵循这一时间节律，就能保持良好的生理、心理状态，减少和预防许多疾患，有益健康。相反，如果违反时间节律去活动，则容易罹患疾病，加快衰老过程。无疑，人们应采用一种顺应人体内部生物节律的生物钟养生保健法。

怎样来进行生物钟养生呢？概括起来就是**“病变当自知，清晨勿懒床。卯时莫饮酒，巳时不可荒。未时当小憩，子时该恋床。寅时不夜作，日钟拨正常。”**

病变当自知 不同的疾病往往有不同的发作时间规律。比如，早晨时糖尿病人的各种抗胰岛素内分泌激素分泌增加，血糖容易升高，从而出现糖尿病的**“黎明现象”**；高血压的高峰在上午9～11时和下午4～6时；支气管哮喘多在夜间发生。因此，病人要根据发病时间规律，预先采取防范措施，避免出现严重后果。

子时（23～1时）该恋床。专家把这段时间定义为美容睡眠期，得到真正的休息，醒来以后神清气爽，容颜悦人。此外，这段时间，人体生长激素大量分泌，让婴幼儿此时睡足好，对他们的生长发育是至关重要。子时是老鼠活动最为活跃时，此时如加紧时间灭鼠最为有效。

丑时（深夜1～3点） 牛消化最旺盛时。牛的胃有四个，此时它把白天吃下的草吐出来再咀嚼，叫做牛的反刍作用。丑时喂牛长膘最快。丑时是人的降黑素分泌时刻，在深夜2时，人脑的免疫抗体降黑素进行分泌，若此时人不休息，在灯光下进行打麻将、卡啦OK、跳舞、喝酒等夜生活，就影响降黑素的分泌，长期如此，颠倒阴阳，就会严重影响身体。

寅时（3～5点）不夜作。此时**老虎**是出山的时候，但人的体温最低，血压也最低，脑部供血最少，此时夜班工作人员易出差错，重病人也更易出现死亡，必须引起足够重视。

卯时（5～7点） 莫喝酒 有的人早点时喜欢喝酒，这是一种坏习惯，必须改变。因为，人体里产生有毒物质是依靠肝脏来清除的，肝脏的工作效率晚上较高，清晨较低。若早点时饮酒，肝脏无力及时解毒，导致血液中酒精浓度提高，必然对身体有害。此时，应该在属水的或属木的植物生物场中进行深呼吸，打太极拳，或练气功，将有补肾和护肝功能（属水植物如：蒲葵、棕竹、莲花、睡莲；属木的植物有：南洋杉、松柏）。

清晨勿懒床 早上六七点钟时，人体开始增加皮质酮等应激激素的分泌，血液加速流动，心跳加快，精神随之活跃起来。此时醒来，起床锻炼活动，对身体健康有益。

辰时（7～9点）是**生肖属龙**的人的好时光，此时有利于属龙的人进行生物场的调整。此时适合在属土和属火的植物场中进行对胃和心脏的调整，凡有胃病的、低血压的和有心血管病的病人适宜于在含笑花、桂花、红棉、火石榴的园林环境中休憩，有益养生和调整心态。

巳时（9～11点）研究表明，人体运行周期由体温控制，健康人24小时的体温变化是夜间下降，白天上升，其相差在1℃之间，尤以上午9～11点和下午4～6点达到高峰。此时，人的头脑清醒，精力旺盛，工作、学习效率最高，决不可任意荒废掉。此时对**生肖属蛇**的人是最好的心态和养生的时机，按照“李氏绿色兵法”，适宜在属火的植物场中工作和学习，特别对胆子小、工作缺乏信心的人将有很好的裨益。

午时（11～13点）是**生肖属马**的人的好时光，此时有利于属马的人进行生物场的调整；是准备吃饭或吃饭的时间，不应该做强烈运动，有利于将身体全部血液集中到胃部，帮助消化，在饭厅或餐桌上宜摆设属土的植物，如黄色的康乃馨、玫瑰、黄玉兰、金心巴西铁、滴滴金、金百合竹，有利于增加食欲。

未时（13～15点）当小憩。在这段时间里，人体肾上腺素分泌减少，体温也有所下降，是白天里最感疲劳的阶段，需要适当休息。但休息时间不宜过长，不能超过1小时，否则反而对健康不利。此时是生肖属羊的人的好时光，对于属羊的人，适宜于在属火和属土的 植物场中进行休息，有利于对脾胃的调整。

申时（15～17点）生肖属猴的好时光，此时有利于属猴的生物场的调整，适当做少许健身运动，有利于增加食欲，按照“李氏绿色兵法”宜建造属金的植物环境，如：白玉兰、茉莉、白玫瑰、银桂、银龙血树等为绿色材料摆阵布场。

酉时（17～19点）此时是鸡回笼的时候，对于**生肖属鸡**的人是养生的好时光，宜在属金和属土的植物环境进行活动。

戌时（19～21点）此时是**狗**最活跃的时候，如果触犯了忠实于主人的看门狗，就会遭到最凶的袭击。戌五行属土，应以火旺土，故此宜建造属火和属土的生物场，有益于脾胃和养生。

亥时（21～23点）此时是**猪**休息的时候，猪白天吃三餐，到晚上就长膘。人此时也是休息的时候，这时按照“李氏绿色兵法”布置属金和水的生物场，如带香的花像夜来香、银桂、茉莉、广玉兰、玉堂春、银薇、白莲、白玫瑰、白康乃馨、水横枝、富贵竹以及晚上吸收二氧化碳放出氧气的仙人掌、象牙球，有益于人在宁静和芳香的环境中进入梦乡，提高睡眠质量。

日钟拨正常凡是由于工作、旅游等原因而打破了生物钟节律的人，要通过各种手段及时调整，努力把生物钟“拨”回正常状态。

说明：参照养生学家华振鹤先生《顺应生物钟养生》资料整理而成。

第九节　二十四节气家居栽花宜忌(阳历计)

立春—清明　2月4日～4月4日出生的人

宜：红、黄、白、紫、金、银

（石斛、跳舞兰、银柳、玉芙蓉、紫藤、银叶菊、银竹芋、金银花、猪笼草、紫玉兰、红白黄郁金香、水仙、花叶龙舌兰、火石榴、黄白红玫瑰、黄白红康乃馨、红黄白百合）

忌：绿、蓝

（富贵竹、龟背竹、蔓绿绒、心叶绿萝、发财树）

清明—立夏　4月5日～5月5日出生的人

宜：绿、蓝、白

（发财树、勿忘我、紫罗兰、百合、蓝玫瑰、风信子、蓝马樱丹、黄斑兜、百合）

忌：黄、啡

（黄玫瑰、米兰、洒金榕、黄百合）

立夏—大暑　5月6日～7月22日出生的人

宜：黑、白、灰、金、银

（黑玫瑰、白兰、金百合、银榕、星光银榕、玉堂春、空气草、银龙血、金银花）

忌：红、紫、鲜艳色

（紫罗兰、勿忘我、紫牡丹、紫薇、矮牵牛、红玫瑰、桃花）

大暑—秋　7月23日～8月7日出生的人

宜：蓝、绿、白、灰
（兰、如意花、棕竹、玉堂春、姜花、茉莉）
忌：黄、啡、红
（大红花、天竺葵、洒金榕、铁海棠）
立秋—霜降 8月8日～10月23日出生的人
宜：红、绿、蓝、黑、灰
（蓝马樱丹、口红花、紫薇、玉芙蓉）
忌：金、银、白
（白兰、银柳、时来运转、金银花）
霜降—立冬 10月24日～11月7日出生的人
宜：浅红、绿、蓝、白
（秋海棠、姜花、茉莉、水横枝）
忌：黄、啡、黑、灰
（黄蝉、玉芙蓉）
立冬—大寒 11月8日～1月19日出生的人
宜：红、绿、蓝、温暖色
（火石榴、红杏、发财树、棕竹、龙血树、桃花、紫藤）
忌：黑、灰、金、银
（洒金榕、金银花）
大寒—立春 1月20日～2月3日出生的人
宜：红、绿、蓝、温暖色
（爆仗花、秋海棠、紫罗兰、番薯花、仙客来、西洋杜鹃）
忌：黄、啡、黑、灰
（灰莉、黄杜鹃、洒金榕）

第十节 室内摆花要讲究 谨防引狼入室

在室内摆放一些花卉盆景，可以增加室内的美观，但要适可而止，并且在品种上还要精心选择。2003年中国预防医学科学院一项研究指出，**有52种植物对人有促癌作用**，这些植物中有常见的**铁海棠、凤仙花、鸢尾、银边翠、红背桂、洒金榕和火殃勒**等美丽的花卉，这些植物的癌作用，在诱发人鼻咽癌形成中得到证实，又在食道癌的形成中进一步得到验证。

加上有些植物香味过于浓烈（如**夜来香**之类），长时间处于这种气味的熏陶中，令人难以忍受，对有**高血压和心脏病**的病人不利，**柏树**可杀菌，但对**孕妇**不利，它的气味会引发妊娠呕吐，还有些植物如**一品红、夹竹桃、罂粟、瑞香、五色梅**（俗称头晕花）等，会散发出**有毒气味**，经常接触对人体更为不利。

此外，人们喜爱的**万年青**（属天南星科植物），植物学家测定，它含有一些**有毒的酶（哑棒酶）**，它的汁液触到人体皮肤上有强烈的刺激性。若婴孩误咬，会因强烈刺激口腔黏膜而引起**咽喉水肿**，甚至使声带**麻痹失音**，因此民间称万年青为“哑棒”，并有“花好看，毒难挨”的口头禅。

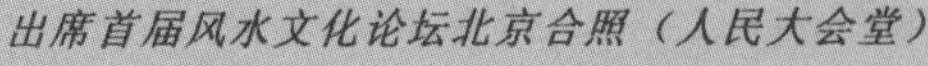

出席首届风水文化论坛北京合照（人民大会堂）

北京签名售书（科技馆）

广州大学讲座

广州电台

化州橘州公园规划（化州）

台湾101大楼设计师李祖源高度赞评《绿色兵法》（台湾台北）

李德雄教授与世界第一高楼设计者
李祖源大师合照

为佛山某房地产现场堪舆策论

附录　国内外学者对植物风水的评价

木子兵法

营建山青水秀、阳光充足、阴阳调和、藏风聚气的生态环境，改进人们的家居、工作及游乐场地，以利于人们健康、愉快的生活与工作，千万年来为人类共同追求的理想。

为营建合理舒适的生活工作环境，人类祖先已创造了丰富的成功经验，并总结出特有的科学思想，形成了源远流长具有中国特色的园林风水文化。园林风水文化的基本宗旨，要求人们顺应自然，贯彻天人和谐之道，适度调整、改造自然，保证人与自然和谐相处。

园林风水文化的特殊魅力，在于"燮理阴阳"、"天人合一"。其中心思想在遵循自然法则，合理安排、因势利导、趋利避害、趋吉避凶，以利于人们的身心健康、事业发展。

营建阴阳和谐的私家住宅、精品屋宇、美好园林，有赖于人们对生态环境作多方面深入思考和理性分析。即要对山形、地势、水文、气候等自然条件作深入分析与综合考虑，尤不可忽视对建筑场地的植物排布，应作细致分析与综合思考。从环境改造角度看，这无异于在人与自然之间进行一场又一场没有硝烟的战斗。因此，高明的园林风水师可以称之为构建天人和谐生态环境的总设计师。从兵法上讲，他亦是一位善于统领三军、胸怀全局、巧妙排兵布阵的战略家。李德雄先生四十多年来将这种科学技术用于园林设计实践，被人们称之为——植物风水《木子兵法》，无疑具有深刻意义。

兵法是研究战略战术的。《木子兵法》的作战对象，是不利于人类生存的恶劣生态环境，所调遣的兵卒是不同的植物种群。作战的任务是以木为兵，消除不利因素，营建和谐健康的生存生态环境和小的居室环境。

善于掌握植物风水《木子兵法》的人，对他所指挥的"兵"，即不同品种的树林花草，包括苔藓地衣等地被物，要有深入的研究。亦要充分了解不同植物的个性，然后才能发挥人的主体能动作用，巧妙配合、合理布置。因此，不难发现为掌握植物风水《木子兵法》的思想体系及操作规程，必须具有三大方面的知识与技能。

首先，要深入研究各种植物的一般特性和个体特性。形态万千、生机盎然、五彩缤纷的树林花草，品种不一、颜色各异、花香不同、气味各别、高低错落，形成一个千变万化的动态生物世界。植物形态随季节改变，花果颜色随气候而变化，叶片对粉尘的吸附作用不同，花果香气浓淡不一，光合作用中对氧气的释放深度有异。总之，不同植物种群所构建的生物场是大不相同的。这是首先要了解的一般知识原理。

再者，深入掌握植物种群之间因时变化的动态关系，决定它们在居室周围与园林中能否共同生存。物以类聚、人以群分。不是任何植物都能和平共处。祖国传统医学，根据药物性味特点，在药物配伍方面，总结出相互关系，提出药有"七情"之说。这一思想对于居室、园林植物配备布置不无借鉴意义。医家认定：相须者，同类药物彼此不可分离；相恶者，彼药可夺此药之功能；相杀者，彼药可制此药之毒性；相反者，此药同彼药不可同用，等等。植物类药物的气味关系如此，不同植物群体其气味关系如何，亦当作深入研究，这是十分自然的道理。植物风水《木子兵法》的作者，早已有鉴于此，进行了长期观察研究，不止掌握其一般原理，并身体力行作出种种创造性探索，力求在居室内外或园林之中合理布置不再植物种群，以满足营建不同环境的实际需要，并取得良好效果。因此，精通植物风水《木子兵法》，做到得心应手、巧夺天工。正是要深入认识不同植物之间的相须、相恶、相反、相杀等关系，善于因势利导、合理排布，以趋利避害，营求最佳效果。当然，这类知识和技能，不是一般人所能具备的。

最后，熟练地运用中国传统哲学思想，特别是《周易》思想的基本原理，善于因时因地制宜，根据太极思维方法，严格遵循太极和谐理论、阴阳互补法则、五行生克原理等，作全盘考虑、整体布局。为“协理阴阳”的需要，考虑时间空间差异，山地、平原、河网、道路、山形地势等千万的阴阳变化，对植物生态变化的影响，务使在居室周围和园林环境中种种植物种群联欢得宜，布置得当，错落有致，相得益彰，为人类的身心健康带来最佳效果。

植物风水《木子兵法》是中国园林建筑风水文化的一枝奇葩，它总结汲取了数千年来中国建筑风水文化的优良成果，加以创造性发展，作者别出心裁，巧妙地运用现代植物学知识，力图反映新世纪的时代特征，从对植物的排兵布阵上下功夫，着眼于营造特殊生物场，以满足人们身心健康的需求为终极目标。此书内容别致，理论新颖，以实例讲述，生动而具体，颇有说服力。兵法不可违。虚心对等，获利百倍；粗心大意，定遭天罚。植物风水《木子兵法》，图文并茂，文理畅通，读之引人入胜。作者征序于愚，促使我对一些问题的思考。粗冩复友，以就正于方家。

2006年9月22日于云鹤书房 唐明邦

（作者系当代资深著名易学大家、武汉大学哲学教授）

植物风水场的发现和应用是中国风水学的伟大成就

“李德雄教授的报告太精彩了。”“植物风水场”的发现和应用是中国风水学的伟大成果，**它填补了中国风水学的空白**。用植物作兵布阵、布场，实在太神奇了；把植物分开阴阳五行来调理风水、化煞实是**史无前例**。**在建筑上无法解决的凶煞被李德雄老师用有生命的绿色植物巧妙地解决了**，这是造福于人类的事业，更是宝贵的科技成果，应该将其发扬光大。

《中国电子报》编辑 《中国风水应用学》作者

张惠民 1985年8月26日

古老而又新型的科学

李德雄先生1965年毕业于中南林学院，现为广东林业调查规划院（岭南综合勘察设计院）园林设计高级工程师。从20世纪60年代开始，他对植物进行了广泛而深入的研究，发现植物群存在“生物场”，这与1982年前苏联科学家发现的植物与建筑发出一种作用于人的“微粒子波”的物质理论不谋而合。**他把这一科研成果广泛应用到建筑、园林设计等地理环境学中，在大自然中创造了一个又一个奇迹。**

他在设计园林别墅时，按照人的身体状况不同，设计布置相应的养生庄园，以达到调心怡情的环境优选效应。他曾在一个新建的疗养院设计了一个能调病养生的植物“生物场”，引起国内外专家的关注。他在设计珠海石景山旅游中心，这个第一个对外开放的旅游点时，成功地指导改土，改善地下积水，针对不同环境施种不同植物，使这个过去乱石林立、寸草不生的地方形成了良好的“生物场”，成为著名的旅游中心，一位美国专家称赞该园“既有中国特色，又有美国情调”。珠海特区唐家油库曾经事故不断，自从他重新布局设计摆下“七星阵”种植各种果树和其他防火植物后，十多年来再也未发生过一次事故，人们无不暗暗称奇。

他的造“场”本领，引起许多企业家和园林专家的重视。多年来，他先后被邀请参予深圳国际机场、深圳梧桐山国家森林公园等许多大型绿化工程设计，**成功地应用古老的科学——勘舆学与现代园林造就了一个又一个良好的园林“生物场”**。

他的研究成果受到专家同行的赞许与好评，在1994年全国第二届易学勘舆学研讨会上，他的“植物与风水”等三篇文章荣获优秀奖。近年来，他以《天问》、《天地人》等杂志及电台、电视台为宣传阵地，向海内外读者弘扬这一古老而又新型的科学。人们预祝他在改造和美化大自然的设计中不断创造奇迹。

《广东侨报》、《生活导报》记者：喻吉鸿、刘翠桥 1995年

植物与风水说是一门造福于人的科学

李德雄先生的植物与风水论确是**立论新颖、超越前人、效果彰明、惠及群众的一门造福于人的科学**。

风水古称勘舆，小则用之于选择阳宅、阴宅，大则用之于选择都城、驻地。但两千年来，都只侧重选择吉祥之地，而不是创建吉祥之地。今李德雄先生却以其聪慧之才，慈爱之心，**运用周易阴阳五行之学，结合现代科学知识，将最能影响、改善风水的植物引进到风水学之中，变凶地为吉地，化戾气为祥和，实是风水学中一大突破与发展**。

李德雄先生的植物与风水，可以名之为**“绿色兵法”和“木子兵法”**，它是维护和改善大自然环境的。它不但把绿色带给了城镇、村庄、学校、工厂、企业、庭院、公园，把绿色带给千家万户，更把健康、快乐、温馨和吉祥带给人们。

植物分阴阳、五行，甚至归属何经（如药物）我国古代早有研究，也用之为人类服务。**李德雄先生的研究更为深刻完满，充分发扬了我国古代文化的优秀传统，而他的大面积应用则是前无古人**。盼李德雄先生和有识之士一道推进植物风水事业，繁荣祖国，造福人类。

邹金华 （人体生命科学家） 1997年春

绿色风水，或者是一种科学？

李德雄教授，广东省林业调查规划院园林高级工程师，**数十年来一直在推广他的“绿色兵法”**。这位**被誉为“当代李时珍”的科学风水设计师**，从20世纪60年代开始就对植物进行了广泛而深入的研究，能够准确熟练地识别几千种植物，并**运用于园林风水设计，创出绿色风水，用植物为兵摆阵布场**，先后被邀请参与深圳国际机场、深圳梧桐山国家森林公园等数十项大型绿化工程设计，更曾担任1999年昆明世博会“粤晖园”专家，并获得中国林学会“劲松奖”。1960年代初期，李德雄教授发现，植物间存在着一种生克制化的生物场，比如杉与毛叶秀竹共生、葡萄栽在松树旁不结果等，这一发现，与1988年前苏联科学家发现的建筑与植物会释放“轻微粒子波”的理论不谋而合，**李教授由此创立了“性格园林学”，即根据植物的不同属性，赋予它不同的性格，并将园林艺术与中国古老《易经》结合，进行养生生态园林设计，使环境“化凶为吉”**。

李教授指出，“风水是人类生态环境学，堪舆学，也就是环境的优选学。绿色植物则是构成环境的最重要元素。植物形成的生物场对人类的精神、情绪、身体健康、长寿等都有着至关重要的影响”。

李教授指出，**植物也与天地一样，是以阴阳分布在五行八卦之中，亦遵循着终极运行之道**。比如说，在日常生活中，人们喜欢把植物摆放在室内，面对生机盎然的植物，确实令人感到赏心悦目，但植物有阴阳，有些还有毒性，如香港某风水先生推荐用黄金葛、喜树蕉、花叶万年青作为化煞旺宅植物，实际上它们皆属于有毒的天南星科植物，晚上放出二氧化碳，污染居室，与人争氧气。所以这类植物切不可以入室；又如夜来香可以赶蚊子，但放出的气味会使血压高和患心脏病的人感到不舒服；玉绣球花虽大，却可以引起过敏。

李教授今年已经60岁整，他正在改变人们对风水的认识，希望有更多的人能够了解到他的绿色兵法。他关于绿色风水的专著已基本写完，“应该不用太久就可以问世”，相信有更多的读者通过他的著作了解到绿色风水这门学问。

《羊城晚报》2003年周刊第324期 记者 夏明照 高嵩

绿色风水 功德无量

中国古老传统的绿色风水学乃是华夏瑰宝，发扬千秋，造福后人。历史原因被人们批判为“四旧迷信”，曾毁于一旦。李德雄先生是园林专家。**他根据易经八卦原理，结合现代科学，经长期实践检验，与时俱进，创造了科学实用的绿色风水学说**。这其间，他曾遇到阻挠和传媒围攻，以至惊动中央高层领导给他解围，我是历历在目的。而**他坚持真理，不怕干扰，终于为人们认识和接受。我赞赏他的勇气**。祝贺他系列出书：绿色风水、造福人类，功德无量。

广东省文化传播学会易学专业委员会会长：黎石国 2004年2月17日

主持和参与的百多个园林项目（部分）

南澳海岛国家森林公园规划
深圳梧桐山国家森林公园规划
深圳国际机场设计与施工
珠海石景山旅游中心设计与施工
明园（广州军区干部培训中心）设计与施工
广西玉林国防培训基地设计与施工
广东省军区大院设计
茂名市政府大院设计
云浮市政府大院设计
佛山环市镇政府大院设计与施工
广东省吉山物资仓库设计与施工
广州立德粉厂设计与施工
广东省立中山图书馆设计与施工
火炉山森林公园规划
深圳福田内伶仃红树林保护区规划
西安爱丽丝公司设计与施工
广东省军区油库设计与施工
珠海唐家油库设计与施工
罗浮山某师油库设计与施工
黄龙湖森林公园——植物不迷宫
京溪小学天台生态园设计
广东省军区政治部招待所设计与施工
肇庆市万亚科技公司
肇庆七星岩太阳岛七星古亭世界设计
南海务庄政府办公大院设计
天河软件园配套住宅小区设计与施工
南海黎涌生态园（状元伦文叙故里）规划
佛山名雅花园设计与施工
广州市二轻疗养院设计与施工
’99 世界园艺博览会广东馆与粤晖园筹建
从化太平飞鹅岭生态果园规划
高盛集团美居中心设计与施工
惠州金裕广场碧水湾绿化规划与改造
广东省农业厅大院绿化咨询策划
蒙古国中草药生态园的营造规划

南岭国家森林公园规划
东莞旗峰森林公园规划
第九届全运会黄村基地设计与施工
从化逸泉山庄规划
三水侨鑫生态园规划
南海蠕岗公园设计与施工
布吉月芽岭公园
新兴国恩寺设计
高要宝莲寺规划
深圳凤凰山寺规划
培英中学设计与施工
黄埔龙头山森林公园规划
蛇口电讯公司设计与施工
肇庆学院（西江大学）设计
凤凰山森林公园规划
潭岭森林公园规划
深圳市计量所设计与施工
茂坡森林公园规划
王子山森林公园规划
九龙峰森林公园规划
新兴龙山文化景区规划
番禺广昌公司设计与施工
2006 沈阳园博会筹建
海南花卉基地规划
石门森林公园规划
大岭山森林公园规划
花山广场规划与施工
七十五中学设计与施工
海军 421 医院设计与施工
火仙峰森林公园规划
花都炮兵旅某部励志园设计与施工
东莞市主干公路绿化规划
东莞樟木头镇标迁移新址
广东省林业厅苗圃场规划
迪拜世界岛“欧洲之心”环境优化规划

再版寄语

抗疫凯旋万花妍，书能再版百喜添；
兵法造园圆国梦，古易今用谱新篇。

营造绿水青山，弘扬生态文明，乃是生态强国之国策。以易为魂，以木为兵，排兵布阵造园林。简言之，这是“李氏绿色兵法”，又称“木子兵法”。“木子兵法”优化环境，建设美好河山，为实现“绿水青山”的中国梦而数十年不懈努力着。

《植物风水》（原名《植物密码》）一书于2007年出版以来，在全国各新华书店公开发行，深受国内外读者欢迎。此书在当年已供不应求，近年又出现网络上疯狂盗版盗卖、高价出售坑害读者的现象，着实令人愤慨！今在弟子蒋济鸿先生及国内外众多友人、弟子的无私赞助下，出版社拟再版该书。该书将在近期与读者见面，这是作为八十多岁老翁的作者甚为欣喜之事！

植物玄宗记心上，五行气色判阴阳。
园林设计用兵法，绿化河山派用场。

本书的特点是用兵法来营造风水，用植物阴阳五行的属性来调整人居风水，是体现天人合一的国学生态营造术。应用无毒植物释放出的精气，改善人的生态环境，亦是新时代的新科技、新技术、新发现。园林绿化不单讲求美观，还要讲求生态效应。“木子兵法”在超半个世纪的造园实践中，从与植物交朋友，到对植物进行练功采气，感悟到每种植物发出的气场之不同：不同品种、不同年龄、不同地区、不同方位布植都有差异。室内不同的灯光对人和植物都有不同的反应效果。发现植物释放出的精气对人体不同的脏腑器官有着不同的疗治作用。“木子兵法”所营造的植物生物场是有特殊功能的！以植物造园所发出的场能效应不但能治病，而且能疗心。“木子兵法”认为，园林设计可以是一项积德行善的工作，利用无毒的植物营造有益于人类身心健康的环境，利在当代，功在千秋！

植物福人能养心，抗灾之际验园林。
识辨花草有无毒，读懂玄机造福荫。

自从《植物风水》出版以来，有不少读者对作者有关“木子兵法”“十大新发现”和“木子兵法”在生态建设和农业生产应用方面很感兴趣。若想要更深入了解和掌握应用，建议：一、有缘拜师学艺；二、阅读本书及《木经》系列丛书，还有作者在各大学、各电台讲课之专门论述。

作者的“十大新发现”：一、林环水抱风水好；二、花木是治世良方；三、花木营造新风水；四、花木存在量子纠缠；五、植物场是楼盘策划的重点依据；六、植物是有生命的吉祥物；七、植物是老子之师；八、发现女儿村的奥秘；九、“木”是宇宙乾坤的主控者；十、植物可以预报灾难。这“十大新发现”在相关学术界引起轰动效应。

传承不泥古，发扬不离宗。作者认为，在传承中华传统文化时，不应只吃祖宗老本，而应该有所发明、有所创造，才不愧于我们的祖先。“木子兵法”是继李氏的先祖李时珍的遗愿，将植物所发出的活生生的精气用来为人类服务。这本《植物风水》是作者在数十年的工作实践中研创出“木子兵法”系列丛书之处女作，作者尤为敝帚自珍，更期待《新本草（植物场能应用大全）》这本封笔之作能早日与大家见面。

当世人热衷于谈论建筑风水的时候，而我独辟蹊径，一生研究植物风水的大学问。如橘子，江南叫橘，江北叫枳；紫荆江北为紫荆，江南为羊蹄甲（洋紫荆），原来风水不同，同种植物有所迥异，作者叫这种现象“植物风水”。“木子兵法”不断在探讨植物与植物、植物与建筑、植物与人之间（植物场的奇妙布局可防止、减少犯罪）存在着的量子纠缠的大课题。这在本人的《木经》系列丛书和讲义中都有所述及。

谨以《植物风水》之再版，作为先父、抗日爱国将领李克敏（明芳）诞辰110周年的纪念，也向抚育我成人却在新冠疫情中病逝的胞叔李明杰先生献礼。

“木子兵法”创始人李德雄于癸卯年清明日

鸣谢

本书再版，得到“木子兵法”弟子、学生、企业家以及亲朋好友的热心赞助，在此表示感谢。名单如下：蒋济鸿、张新余、彭北仙、梁杨辉、张俊声、廖健锋、杨铜城、吕飞宇、飞燕伉俪、姚辉强、翁俊毅（美国）、杨凯（迪拜）、黄鸿林（迪拜）、张义卿（迪拜）、邵晓敏、杨麟、梁瑞廉、郑仪、丁岳平、邓运祥、吴毅、美湾云创、郭清和、黄浩波、张菁妮、张承煜（瑞典）、季爱民、潘华新、李志昕、李深、范金堂、顾复文（中国香港）、周恒、梁金县、廖旭彪（中国香港）、蓝志勇、翔元养生中心、骆回（加拿大）、刘新奎、芮洪、张荣斌、张杏红、全万鼎、木子易、唐广泰、陈东辉、王康健、杨志威、刘耀阳、罗桂林（中国香港）、罗伦开、吕玉文、高丽、谢江、孙长江、莫愁、邓焜中、陈文亮、张霞、梁翠霞、刘国立、谷晟阳、耕艺名福、潘孟朝、廖荣祥、吴家乐、陈林波、园林鲁班匠周哥、姚智承、阳宾、余伟东、肖依奏、黄国荣、赵马岭、林进峰、黄海、吕学荣、罗文鸿、唐仁霞、王靖、石开杰、赵汝桂、朱奇珉、农金财、刘武军、李绮华、岑建辉、刘及彪等。

李德雄 2023 年清明于广州慧堂

参考文献

陈志刚．读解天书——人类基因组．企业管理出版社，2000 年版。
胡江．螺旋纹密码．中国友谊出版社，2003 年版。
新编十万个为什么编写组．新编十万个为什么．延边人民出版社。
祁乃成．少年植物学．科学普及出版社，1998 年版。
张惠民．中国风水应用学．人民中国出版社，1993 年版。
刘沛霖．风水中国人的环境观．上海三联书店，1995 年版。
吴昭谦、郑学信．地与人．安徽科学技术出版社，2000 年版。
莱斯利·布伦尼斯药用植物．中国友谊出版公司，2000 年版。
薛聪贤．景观植物实用图鉴．北京科学技术出版社，2003 年版。
吴劲章、李敏．世纪辉煌粤晖园．海潮摄影艺术出版社，2000 年版。
王发祥等．深圳园林植物．中国林业出版社，1998 年版。
王意成．家庭花卉精品．江苏科学技术出版社，1999 年版。
裘树平．不知道的世界．植物篇，中国少年儿童出版社，1999 年版。
熊济华、唐岱．藤蔓花卉．中国林业出版社，2000 年版。
梁星权．广东省自然保护区．广东旅游出版社，1997 年版。
黄智明．家庭养花．广东科技出版社，2000 年版。
彼得·汤普金斯、克里斯托弗·伯德．植物的特异功能．新华出版社，1989 年版。
李少林．世界真奇妙．中国戏剧出版社，2003 年版。
刘志武．广州岭南花园住宅区生态绿地规划的研究．华南理工大学出版社，2002 年版。
黄智明．珍奇花卉栽培．广东科技出版社，2000 年版。
孙武等．孙子兵法．新疆人民出版社出版社，1996 年版。
宋 ·锦官史崧．黄帝内经．辽宁民族出版社，1996 年版。
国家城市建设总局中国盆景艺术。
刘仲明、刘小翎．岭南盆景艺术与技法．广东科技出版社，1990 年版。